Materiais manipulativos
para o ensino de
FRAÇÕES E NÚMEROS DECIMAIS

Organizadoras
Katia Cristina Stocco Smole
Doutora em Educação, área de Ciências e Matemática pela FE-USP

Maria Ignez de Souza Vieira Diniz
Doutora em Matemática pelo Instituto de Matemática e Estatística da USP

Autoras
Ayni Shih
Especialista em Fundamentos do Ensino da Matemática pela parceria Mathema/Unifran

Cláudia Tenório Cavalcanti
Graduação em Pedagogia pela FE-USP

Ligia Baptista Gomes
Licenciada em Matemática pela Fundação Santo André

Sonia Maria Pereira Vidigal
Mestre em Educação, área de Ciências e Matemática pela FE-USP

Aviso
A capa original deste livro foi substituída por esta nova versão. Alertamos para o fato de que o conteúdo é o mesmo e que a nova versão da capa decorre da adequação ao novo layout da Coleção Mathemoteca.

M425   Materiais manipulativos para o ensino de frações e números decimais / Autoras, Ayni Shih ... [et al.] ; Organizadoras, Katia Stocco Smole, Maria Ignez Diniz. – Porto Alegre : Penso, 2016.
160 p. il. color. ; 23 cm. – (Coleção Mathemoteca ; v. 3).

ISBN 978-85-8429-074-1

1. Matemática – Práticas de ensino. 2. Aritmética - Frações. 3. Números decimais. I. Shih, Ayni. II. Smole, Katia Stocco. III. Diniz, Maria Ignez.

CDU 511.13

Catalogação na publicação: Poliana Sanchez de Araujo – CRB 10/2094

ORGANIZADORAS
Katia Stocco Smole
Maria Ignez Diniz

Materiais manipulativos
para o ensino de
FRAÇÕES E NÚMEROS DECIMAIS

Autoras
Ayni Shih
Cláudia Tenório Cavalcanti
Ligia Baptista Gomes
Sonia Maria Pereira Vidigal

2016

© Penso Editora Ltda., 2016

Gerente editorial: *Letícia Bispo de Lima*

Colaboraram nesta edição

Editora: *Priscila Zigunovas*

Assistente editorial: *Paola Araújo de Oliveira*

Capa: *Paola Manica*

Projeto gráfico: *Juliana Silva Carvalho/Atelier Amarillo*

Editoração eletrônica: *Kaéle Finalizando Ideias*

Ilustrações: *Ivo Minkovicius*

Fotos: *Silvio Pereira/Pix Art*

Reservados todos os direitos de publicação à PENSO EDITORA LTDA., uma empresa do GRUPO A EDUCAÇÃO S.A.
Av. Jerônimo de Ornelas, 670 - Santana
90040-340 - Porto Alegre - RS
Fone: (51) 3027-7000 Fax: (51) 3027-7070

Unidade São Paulo
Av. Embaixador Macedo Soares, 10.735 - Pavilhão 5 - Cond. Espace Center
Vila Anastácio - 05095-035 - São Paulo - SP
Fone: (11) 3665-1100 Fax: (11) 3667-1333

SAC 0800 703-3444 - www.grupoa.com.br

É proibida a duplicação ou reprodução deste volume, no todo ou em parte, sob quaisquer formas ou por quaisquer meios (eletrônico, mecânico, gravação, fotocópia, distribuição na Web e outros), sem permissão expressa da Editora.

IMPRESSO NO BRASIL
PRINTED IN BRAZIL

Apresentação

Professores interessados em obter mais envolvimento de seus alunos nas aulas de matemática sempre buscam novos recursos para o ensino. Os materiais manipulativos constituem um dos recursos muito procurados com essa finalidade.

Desde que iniciamos nosso trabalho com formação e pesquisa na área de ensino de matemática, temos investigado, entre outras questões, a importância dos materiais estruturados.

Com esta Coleção, buscamos dividir com vocês, professores, nossa reflexão e nosso conhecimento desses materiais manipulativos no ensino, com a clareza de que nossa meta está na formação de crianças e jovens confiantes em suas habilidades de pensar, que não recuam no enfrentamento de situações novas e que buscam informações para resolvê-las.

Nesta proposta de ensino, os conteúdos específicos e as habilidades são duas dimensões da aprendizagem que caminham juntas. A seleção de temas e conteúdos e a forma de tratá-los no ensino são decisivas; por isso, a escolha de materiais didáticos apropriados e a metodologia de ensino é que permitirão o trabalho simultâneo de conteúdos e habilidades. Os materiais manipulativos são apenas meios para alcançar o movimento de aprender.

Esperamos dar nossa contribuição ao compartilhar com vocês, professores, nossas reflexões, que, sem dúvida, podem ser enriquecidas com sua experiência e criatividade.

As autoras

Sumário

1 Materiais didáticos manipulativos 9
   Introdução 9
   A importância dos materiais manipulativos 10
      A criança aprende o que faz sentido para ela 11
      Os materiais são concretos para o aluno 11
      Os materiais manipulativos são representações de ideias matemáticas 12
      Os materiais manipulativos permitem aprender matemática 13
   A prática para o uso de materiais manipulativos 14
   Nossa proposta 15
      Produção de textos pelo aluno 16
      Painel de soluções 18
      Uma palavra sobre jogos 19
   Para terminar 20

2 Materiais didáticos manipulativos para o ensino de Frações e Números Decimais 23
   O ensino de frações nos anos iniciais 23
   Uma proposta para o ensino de frações 24
   Uma diferenciação importante: o inteiro 28
   Equivalência de frações e as operações 29
   Uma palavra sobre os números decimais 31

3 Atividades de Frações e Números Decimais com materiais didáticos manipulativos 35
   Frações circulares 37
      1 Montando discos 39
      2 Brincando de pizzaiolo 43
      3 Comparando frações 47
      4 Montando frações equivalentes I 51
      5 Maior ou menor que meio? 53
      6 Montando frações equivalentes II 57
      7 Composição de frações 59
      8 Círculos coloridos e números decimais 63
      9 Frações de quantidades 65

Mosaico 69
   1 Partes de um hexágono 73
   2 Descubra a fração 77
   3 Sequências 81
   4 Frações de uma figura 85
   5 Qual é mesmo a fração? 89
   6 Adição com frações 93
   7 Quanto falta para...? 97
   8 Retirando 101

Tangram 105
   1 Comparando as peças do Tangram 107
   2 Medindo com o Tangram 109
   3 Frações no Tangram 113

Ábaco de pinos 115
   1 Explorando o ábaco com números decimais 119
   2 Comparando a escrita de números decimais 121
   3 Compondo números decimais no ábaco 125
   4 Montando números decimais no ábaco 127
   5 Explorando mais números decimais no ábaco 131
   6 Somando números decimais no ábaco 135
   7 O ábaco e as somas com números decimais 137
   8 Ábaco – subtraindo com números decimais 141

4 Materiais 145
   Frações circulares 146
   Mosaico 151
   Tangram 153

Referências 154

Leituras recomendadas 156

**Índice de atividades (ordenadas por ano escolar
e por gradação de complexidade) 158**

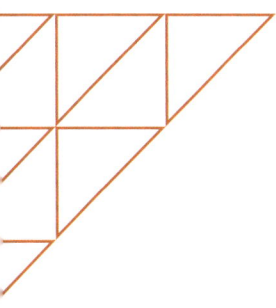

Materiais didáticos manipulativos

Introdução

A proposta de utilizar recursos como modelos e materiais didáticos nas aulas de matemática não é recente. Desde que Comenius (1592-1670) publicou sua *Didactica Magna* recomenda-se que recursos os mais diversos sejam aplicados nas aulas para "desenvolver uma melhor e maior aprendizagem". Nessa obra, Comenius chega mesmo a recomendar que nas salas de aula sejam pintados fórmulas e resultados nas paredes e que muitos modelos sejam construídos para ensinar geometria.

Nos séculos seguintes, educadores como Pestalozzi (1746--1827) e Froëbel (1782-1852) propuseram que a atividade dos jovens seria o principal passo para uma "educação ativa". Assim, na concepção destes dois educadores, as descrições deveriam preceder as definições e os conceitos nasceriam da experiência direta e das operações que o aprendiz realizava sobre as coisas que observasse ou manipulasse.

São os reformistas do século XX, principalmente Claparède, Montessori, Decroly, Dewey e Freinet, que desenvolvem e sistematizam as propostas da Escola Nova. O sentido dessas novas ideias é o da criação de canais de comunicação e interferência entre os conhecimentos formalizados e as experiências práticas e cotidianas de vida. Toda a discussão em torno da questão do método, de uma nova visão de como se aprende, continha a ideia de um religamento entre os conhecimentos escolares e a vida, uma reaproximação do pensamento com a experiência.

Sem dúvida, foi a partir do movimento da Escola Nova – e dos estudos e escritos de John Dewey (1859-1952) – que as preocupações com as experiências de aprendizagem ganharam força. Educadores como Maria Montessori (1870-1952) e Decroly (1871-1932), inspirados nos trabalhos de Dewey, Pestalozzi e Froëbel, criaram inúmeros jogos e materiais que tinham como objetivo melhorar o ensino de matemática.

O movimento da Escola Nova foi uma corrente pedagógica que teve início na metade do século XX, sendo renovador para a época, pois questionava o enfoque pedagógico da escola tradicional, fazendo oposição ao ensino centrado na tradição, na cultura intelectual e abstrata, na obediência, na autoridade, no esforço e na concorrência.

A Escola Nova tem como princípios que a educação deve ser efetivada em etapas gradativas, respeitando a fase de desenvolvimento da criança, por meio de um processo de observação e dedução constante, feito pelo professor sobre o aluno. Nesse momento, há o reconhecimento do papel essencial das crianças em todo o processo educativo, pré-disponibilizadas para aprender mesmo sem a ajuda do adulto, partindo de um princípio básico: a criança é capaz de aprender naturalmente. Ganham força nesse movimento a experiência, a vivência e, consequentemente, os materiais manipulativos em matemática, por permitirem que os alunos aprendessem em processo de simulação das relações que precisavam compreender nessa disciplina.

Importante lembrar também que, a partir dos trabalhos de Jean Piaget (1896-1980), os estudos da escola de Genebra revolucionaram o mundo com suas teorias sobre a aprendizagem da criança. Seguidores de Piaget, como Dienes (1916-), tentaram transferir os resultados das pesquisas teóricas para a escola por meio de materiais amplamente divulgados entre nós, como os Blocos Lógicos.

Assim, os materiais didáticos há muito vêm despertando o interesse dos professores e, atualmente, é quase impossível que se discuta o ensino de matemática sem fazer referência a esse recurso. No entanto, a despeito de sua função para o trabalho em sala de aula, seu uso idealizado há mais de um século não pode ser aceito hoje de forma irrefletida. Outras são as nossas concepções de aprendizagem e vivemos em outra sociedade em termos de acesso ao conhecimento e da posição da criança na escola e na sociedade.

A importância dos materiais manipulativos

Entre as formas mais comuns de representação de ideias e conceitos em matemática estão os materiais conhecidos como **manipulativos** ou **concretos**.

Desde sua idealização, esses materiais têm sido discutidos e muitas têm sido as justificativas para sua utilização no ensino de matemática. Vamos, então, procurar relacionar os argumentos do passado, que deram origem aos materiais manipulativos na escola, com sua significação para o ensino hoje.

A criança aprende o que faz sentido para ela

No passado, dizia-se que os materiais facilitariam a aprendizagem por estarem próximos da realidade da criança. Atualmente, uma das justificativas comumente usadas para o trabalho com materiais didáticos nas aulas de matemática é a de que tal recurso torna o processo de aprendizagem significativo.

Ao considerar sobre o que seja aprendizagem significativa, Coll (1995) afirma que, normalmente, insistimos em que apenas as aprendizagens significativas conseguem promover o desenvolvimento pessoal dos alunos e valorizamos as propostas didáticas e as atividades de aprendizagem em função da sua maior ou menor potencialidade para promover aprendizagens significativas.

Os pressupostos da aprendizagem significativa são:
- o aluno é o verdadeiro agente e responsável último por seu próprio processo de aprendizagem;
- a aprendizagem dá-se por descobrimento ou reinvenção;
- a atividade exploratória é um poderoso instrumento para a aquisição de novos conhecimentos porque a motivação para explorar, descobrir e aprender está presente em todas as pessoas de modo natural.

No entanto, Coll (1995) alerta para o fato de que não basta a exploração para que se efetive a aprendizagem significativa. Para esse pesquisador, construir conhecimento e formar conceitos significa compartilhar significados, e isso é um processo fortemente impregnado e orientado pelas formas culturais. Dessa forma, os significados que o aluno constrói são o resultado do trabalho do próprio aluno, sem dúvida, mas também dos conteúdos de aprendizagem e da ação do professor.

Assim é que de nada valem materiais didáticos na sala de aula se eles não estiverem atrelados a objetivos bem claros e se seu uso ficar restrito apenas à manipulação ou ao manuseio que o aluno quiser fazer dele.

Os materiais são concretos para o aluno

A segunda justificativa que costumamos encontrar para o uso dos materiais é a de que, por serem manipuláveis, são concretos para o aluno.

Alguns pesquisadores, ao analisar o uso de materiais concretos e jogos no ensino da matemática, dentre eles Miorim e Fiorentini (1990), alertam para o fato de que, a despeito do interesse e da utilidade que os professores veem em tais recursos, o concreto para a criança não significa necessariamente materiais manipulativos. Encontramos em Machado (1990, p. 46) a seguinte observação a respeito do termo "concreto":

> Em seu uso mais frequente, ele se refere a algo material manipulável, visível ou palpável. Quando, por exemplo, recomenda-se a

utilização do material concreto nas aulas de matemática, é quase sempre este o sentido atribuído ao termo concreto. Sem dúvida, a dimensão material é uma importante componente da noção de concreto, embora não esgote o seu sentido. Há uma outra dimensão do concreto igualmente importante, apesar de bem menos ressaltada: trata-se de seu conteúdo de significações.

Como é possível ver, é muito relativo dizer que "materiais concretos" significam melhor aprendizagem, pois manipular um material não é sinônimo de concretude quanto a fazer sentido para o aluno, nem garantia de que ele construa significados. Pois, como disse Machado (1990), o concreto, para poder ser assim designado, deve estar repleto de significações.

De fato, qualquer recurso didático deve servir para que os alunos aprofundem e ampliem os significados que constroem mediante sua participação nas atividades de aprendizagem. Mas são os processos de pensamento do aluno que permitem a mediação entre os procedimentos didáticos e os resultados da aprendizagem.

Os materiais manipulativos são representações de ideias matemáticas

Desde sua origem, os materiais são pensados e construídos para realizar com objetos aquilo que deve corresponder a ideias ou propriedades que se deseja ensinar aos alunos. Assim, os materiais podem ser entendidos como representações materializadas de ideias e propriedades. Nesse sentido, encontramos em Lévy (1993) que a simulação desempenha um importante papel na tarefa de compreender e dar significado a uma ideia, correspondendo às etapas da atividade intelectual anteriores à exposição racional, ou seja, anteriores à conscientização. Algumas dessas etapas são a imaginação, a bricolagem mental, as tentativas e os erros, que se revelam fundamentais no processo de aprendizagem da matemática.

Para o referido autor, a simulação não é entendida como a ação desvinculada da realidade do saber ou da relação com o mundo, mas antes um aumento de poderes da imaginação e da intuição. Nas situações de ensino com materiais, a simulação permite que o aluno formule hipóteses, inferências, observe regularidades, ou seja, participe e atue em um processo de investigação que o auxilia a desenvolver noções significativamente, ou seja, de maneira refletida.

Um fato importante a destacar é que o caráter dinâmico e refletido esperado com o uso do material pelo aluno não vem de uma única vez, mas é construído e modificado no decorrer das atividades de aprendizagem. Além disso, toda a complexa rede comunicativa que se estabelece entre os participantes, alunos e professor, intervém no sentido que os alunos conseguem atribuir à tarefa proposta com um material didático.

Uma vez que a compreensão matemática pode ser definida como a habilidade para representar uma ideia matemática de múltiplas maneiras e fazer conexões entre as diferentes representações dessa ideia, os materiais são uma das representações que podem auxiliar na construção dessa rede de significados para cada noção matemática.

Os materiais manipulativos permitem aprender matemática

De certa forma, essa razão bastante difundida de que os materiais permitem melhor aprendizagem em matemática foi em parte explicada anteriormente, quando enfatizamos que a forma como as atividades são propostas e as interações do aluno com o material é que permitem que, pela reflexão, ele se apoie na vivência para aprender.

No entanto, a linguagem matemática também se desenvolve quando são utilizados os materiais manipulativos, isso porque os alunos naturalmente verbalizam e discutem suas ideias enquanto trabalham com o material.

Não há dúvida de que, ao refletir sobre as situações colocadas e discutir com seus pares, a criança estabelece uma negociação entre diferentes significados de uma mesma noção. O processo de negociação solicita a linguagem e os termos matemáticos apresentados pelo material. É pela linguagem que o aluno faz a transposição entre as representações implícitas no material e as ideias matemáticas, permitindo que ele possa elaborar raciocínios mais complexos do que aqueles presentes na ação com os objetos do material manipulativo. Pela comunicação falada e escrita se estabelece a mediação entre as representações dos objetos concretos e as das ideias.

Os alunos estarão se comunicando sobre matemática quando as atividades propostas a eles forem oportunidades para representar conceitos de diferentes formas e para discutir como as diferentes representações refletem o mesmo conceito. Por todas essas características das atividades com materiais, o trabalho em grupo é elemento essencial na prática de ensino com o uso de materiais manipulativos.

Concluindo, de acordo com Smole (1996, p. 172):

> Dadas as considerações feitas até aqui, acreditamos que os materiais didáticos podem ser úteis se provocarem a reflexão por parte das crianças de modo que elas possam criar significados para ações que realizam com eles. Como afirma Carraher (1988), não é o uso específico do material com os alunos o mais importante para a construção do conhecimento matemático, mas a conjunção entre o significado que a situação na qual ele aparece tem para a criança, as suas ações sobre o material e as reflexões que faz sobre tais ações.

A prática para o uso de materiais manipulativos

Como foi apresentado anteriormente, a forma como as atividades envolvendo materiais manipulativos são trabalhadas em aula é decisiva para que eles auxiliem os alunos a aprender matemática.
Segundo Smole (1996, p. 173):

> Um material pode ser utilizado tanto porque a partir dele podemos desenvolver novos tópicos ou ideias matemáticas, quanto para dar oportunidade ao aluno de aplicar conhecimentos que ele já possui num outro contexto, mais complexo ou desafiador. O ideal é que haja um objetivo para ser desenvolvido, embasando e dando suporte ao uso. Também é importante que sejam colocados problemas a serem explorados oralmente com as crianças, ou para que elas em grupo façam uma "investigação" sobre eles. Achamos ainda interessante que, refletindo sobre a atividade, as crianças troquem impressões e façam registros individuais e coletivos.

Isso significa que as atividades devem conter boas perguntas, ou seja, que constituam boas situações-problema que permitam ao aluno ter seu olhar orientado para os objetivos a que o material se propõe.

Mas a seleção de um material para a sala de aula deve promover também o envolvimento do aluno não apenas com as noções matemáticas, mas com o lúdico que o material pode proporcionar e com os desafios que as atividades apresentam ao aluno.

Lembramos mais uma vez que, como recurso para a aprendizagem, os materiais didáticos manipulativos não são um fim em si mesmos. Eles apoiam a atividade que tem como objetivo levar o aluno a construir uma ideia ou um procedimento pela reflexão.

Alguns materiais manipulativos: cartas especiais, geoplano, cubos coloridos, sólidos geométricos, frações circulares, ábaco, mosaico e fichas sobrepostas.

Nossa proposta

Em todo o texto apresentado até aqui, duas perspectivas metodológicas formam a base do projeto dos materiais manipulativos para aprender matemática: a utilização dos recursos de **comunicação** e a proposição de **situações-problema**.

Elas se aliam e se revelam, neste texto, na descrição das etapas de cada atividade ou jogo. São sugeridos os encaminhamentos da atividade na forma de questões a serem propostas aos alunos antes, durante e após a atividade propriamente dita, assim como a melhor forma de apresentação do material.

É muito importante destacar a ênfase nos recursos de **comunicação**, ou seja, os alunos são estimulados a falar, escrever ou desenhar para, nessas ações, concretizarem a reflexão tão almejada nas atividades. Isso se justifica porque, ao tentar se comunicar, o aluno precisa organizar o pensamento, perceber o que não entendeu, confrontar-se com opiniões diferentes da sua, posicionar-se, ou seja, refletir para aprender.

Em várias atividades é solicitado aos alunos que exponham suas produções em painéis, murais, varais ou, até mesmo, no *site* da escola, quando ele existir. Isso permite a cada aluno conhecer outras percepções e representações da mesma atividade, além de buscar aperfeiçoar seu registro em função de ter leitores diversos e tão ou mais críticos do que ele próprio, para comunicar bem o que foi realizado ou pensado.

Diversas formas de registro são propostas ao longo das atividades, com diversidade de formas e explicações sobre como os alunos devem se organizar. Muitas vezes, são propostas **rodas de conversa** para que os alunos troquem entre si suas descobertas e aprendizagens. Assim, também é sugerido o que chamamos de **painel de soluções**, na forma de mural na classe ou fora dela, ou simplesmente no quadro, no qual os alunos apresentam diversas resoluções de uma situação e são solicitados a falar sobre elas e apreciar outras formas de resolver uma situação ou interpretar uma propriedade estudada.

Da experiência junto a alunos nas aulas de matemática e dos estudos teóricos desenvolvidos, um caminho bastante interessante é o de aliar o uso desses materiais à perspectiva metodológica da resolução de problemas. Ou seja, é pela problematização ou por meio de boas perguntas que o aluno compreende relações, estabelece sentidos e conhecimentos a partir da ação com algum material que representa de forma concreta uma noção, um conceito, uma propriedade ou um procedimento matemático.

As atividades propostas no capítulo 3 exemplificam o sentido da problematização, que é sempre orientada pelos objetivos que se quer alcançar com a atividade. Assim, planejamento é essencial, pois é o estabelecimento claro de objetivos que permite perguntas adequadas e avaliação coerente.

Mas isso não é o suficiente; a aprendizagem requer sistematização, momentos de autoavaliação do aluno no sentido de tornar consciente o que foi aprendido e o que falta aprender; por isso, propomos que, além da problematização, os recursos da comunicação estejam presentes nas atividades com os materiais.

A oralidade e a escrita são aliadas que permitem ao aluno consolidar para si o que está sendo aprendido e, por isso, propomos mais dois recursos para complementar as atividades com os materiais manipulativos: a **produção de textos** pelo aluno e o **painel de soluções**.

Produção de textos pelo aluno

De acordo com Cândido (2001, p. 23), a escrita na forma de texto, desenhos, esquemas, listas constitui um recurso que possui duas características importantes:

> A primeira delas é que a escrita auxilia o resgate da memória, uma vez que muitas discussões orais poderiam ficar perdidas sem o registro em forma de texto. Por exemplo, quando o aluno precisa escrever sobre uma atividade, uma descoberta ou uma ideia, ele pode retornar a essa anotação quando e quantas vezes achar necessário.
> A segunda característica do registro escrito é a possibilidade da comunicação a distância no espaço e no tempo e, assim, de troca de informações e descobertas com pessoas que, muitas vezes, nem conhecemos. Enquanto a oralidade e o desenho restringem-se àquelas pessoas que estavam presentes no momento da atividade, ou que tiveram acesso ao autor de um desenho para elucidar incompreensões de interpretação, o texto escrito amplia o número de leitores para a produção feita.

O objetivo da produção do texto é que determina como e quando ele será solicitado ao aluno.

A produção pode ser individual, coletiva ou em grupo, dependendo da dificuldade da atividade, do que os alunos sabem ou precisam saber e dos objetivos da produção.

Ao propor a produção do texto ao final de uma atividade com um material didático, o professor pode perceber em quais aspectos da atividade os alunos apresentam mais incompreensões, em que pontos avançaram, se o que era essencial foi compreendido, que intervenções precisará fazer.

Antes de iniciar um novo tema com o auxílio de determinado material didático, o professor pode investigar o que o aluno já sabe para poder organizar as ações docentes de modo a retomar incompreensões, imprecisões ou ideias distorcidas referentes a um assunto e, ao mesmo tempo, avaliar quais avanços podem ser feitos. Esse registro pode ser revisto pelo aluno, que poderá incluir, após o final da unidade didática, suas aprendizagens, seus avanços, comparando com a primeira versão do texto.

Para uma sistematização das noções, a produção de textos pode ser proposta ao final da unidade didática, com a produção de uma síntese, um resumo, um parecer sobre o tema desenvolvido, no qual apareçam as ideias centrais do que foi estudado e compreendido.

> Auto-Avaliação - sobre prismas e pirâmides.
>
> Já sei que os primas e as pirâmides são sólidos geométricos, não rolam, os primas tem faces planas e paralelas, as pirâmides tem faces laterais triângulares.
>
> Na sala de aula, aprendi muitas coisas com os primas e as pirâmides, fiz um trabalho em grupo que o objetivo era para montar 3 prismas diferentes, um cubo de palitos e massa de modelar, outro só de massa de modelar e outro de papel. E um outro trabalho que fiz foi para separar os sólidos em 2 grupos e explicar como separou.
>
> Uma dica para contar as faces, vértices e arestas é sempre deixar o sólido de pé, porque se deixá-lo deitado você vai se confundir com o número de faces vértices e arestas.
>
> As partes do sólido são as faces, os vértices e as arestas, que são muito importantes em algumas atividades de Matemática.
>
> Enfim, eu adorei aprender muitas coisas sobre os primas e sobre as pirâmides. Os primas são os cubos, paralelepípedo. As pirâmides são, a pirâmide de base quadrada, pirâmide de base hexagonal.

Texto produzido por aluna de 4º ano como autoavaliação sobre prismas e pirâmides.

Ao produzir esses textos, os alunos devem ir percebendo seu caráter de fechamento, a importância de apresentar informações precisas, incluir as ideias centrais, representativas do que ele está estudando.

Para o aluno, a produção de texto tem sempre a função de: organizar a aprendizagem; fazer refletir sobre o que aprendeu; construir a memória da aprendizagem; propiciar uma autoavaliação; desenvolver habilidades de escrita e de leitura.

Nessa perspectiva, enquanto o aluno adquire procedimentos de comunicação e conhecimentos matemáticos, é natural que a linguagem matemática seja desenvolvida.

As primeiras propostas de textos devem ser mais simples, mas devem servir para resumir ou organizar as ideias de uma aula. Bilhetes, listas, rimas, problemas são exemplos de tipos de textos que podem ser propostos aos alunos.

Depois de analisadas e discutidas (ver **Painel de soluções**, a seguir), é recomendável que essas produções sejam arquivadas pelo aluno em cadernos, pastas e livros individuais, em grupo ou da classe.

O importante é que essas produções de algum modo sejam guardadas para serem utilizadas sempre que preciso. Isso garante autoria, faz com que os alunos ganhem memória sobre sua aprendizagem, valorizem as produções pessoais e percebam que o conhecimento em matemática é um processo vivo, dinâmico, do qual eles também participam.

Painel de soluções

Na produção individual ou em duplas de desenhos, textos e, muito especialmente, no registro das atividades e na resolução de problemas, os alunos podem aprender com maior significado e avançar em sua forma de escrever ou desenhar se suas produções são expostas e analisadas no coletivo do grupo classe.

O **painel de soluções**, na forma de um mural ou espaço em uma parede da sala, ou ainda como um varal, é o local onde são expostas todas as produções dos alunos. Eles, em roda em torno desse mural, são convidados a ler os registros de colegas, e alguns deles convidados a falar sobre suas produções. É importante que tanto registros adequados quanto aqueles que estão confusos ou incompletos sejam lidos pelo grupo ou explicados por seu autor, num ambiente em que todos podem falar e ser ouvidos; cada aluno pode aprender com o outro e ampliar seu repertório de formas de registro.

Para Cavalcanti (2001, p. 137):

> Mesmo que algumas estratégias não estejam completamente corretas, é importante que elas também sejam afixadas para que, através da discussão, os alunos percebam que erraram e como é possível avançar. A própria classe pode apontar caminhos para que os colegas sintam-se incentivados a prosseguir.

Esse material deve ficar visível e ser acessível a todos por um tempo determinado pelo professor, em função do interesse dos alunos e das contribuições que ele pode trazer àqueles que ainda têm dificuldade para registrar o que pensam ou de como passar para o papel a forma como realizaram ou resolveram determinada situação.

Com o painel, há o exercício da oralidade quando cada aluno precisa apresentar sua resolução. O autor de cada produção precisa argumentar a favor ou contra uma forma de registro ou resposta, convencendo ou sendo convencido da validade do que pensou e produziu.

De acordo com Quaranta e Wolman (2006), a discussão em sala de aula a partir de uma mesma atividade pensada por todos os alunos e com mediação do professor tem como finalidade que o aluno tente compreender procedimentos e formas de pensar de outros, compare diferentes formas de resolução, analise a eficácia de procedimentos realizados por ele mesmo e adquira repertório de ideias para outras situações.

Exemplo de painel com soluções dos alunos para a formação de figuras com diferentes quantidades de triângulos do Tangram.

É muito importante que a discussão a partir do painel seja feita desde que todos os alunos tenham trabalhado com a mesma atividade, de modo que possam contribuir com suas ideias e dúvidas e nenhum deles fique para trás nesse momento de aprendizagem colaborativa.

Uma palavra sobre jogos

Os jogos são importantes recursos para favorecer a aprendizagem de matemática. Nesta Coleção, eles aparecem junto com um dos materiais manipulativos ou com apoio da calculadora.

Existem muitas concepções de jogo, mas nos restringiremos a uma delas, os chamados jogos de regras, descritos por vários pesquisadores, entre eles Kamii e DeVries (1991), Kishimoto (2000) e Krulic e Rudnick (1983).

As características dos jogos de regras são:
- O jogo deve ser para dois ou mais jogadores; portanto, é uma atividade que os alunos realizam juntos.
- O jogo tem um objetivo a ser alcançado pelos jogadores, ou seja, ao final deve haver um vencedor.
- A violação das regras representa uma falta.
- Havendo o desejo de fazer alterações, isso deve ser discutido com todo o grupo. No caso de concordância geral, podem ser feitas alterações nas regras, o que gera um novo jogo.

- No jogo deve haver a possibilidade de usar estratégias, estabelecer planos, executar jogadas e avaliar a eficácia desses elementos nos resultados obtidos.

Os jogos de regras podem ser entendidos como situações-problema, pois, a cada movimento, os jogadores precisam avaliar as situações, utilizar seus conhecimentos para planejar a melhor jogada, executar a jogada e avaliar sua eficiência para vencer ou obter melhores resultados.

No processo de jogar, os alunos resolvem muitos problemas e adquirem novos conhecimentos e habilidades. Investigar, decidir, levantar e checar hipóteses são algumas das habilidades de raciocínio lógico solicitadas a cada jogada, pois, quando se modificam as condições do jogo, o jogador tem que analisar novamente toda a situação e decidir o que fazer para vencer.

Os jogos permitem ainda a descoberta de alguma regularidade, quando aos alunos é solicitado que identifiquem o que se repete nos resultados de jogadas e busquem descobrir por que isso acontece. Por fim, os jogos têm ainda a propriedade de substituir com grande vantagem atividades repetitivas para fixação de alguma propriedade numérica, das operações, ou de propriedades de figuras geométricas.

Nesta Coleção, com o objetivo de potencializar a aprendizagem, aliamos os jogos à resolução de problemas e aos registros escritos ou à exposição de ideias e argumentos oralmente pelos alunos. Por esse motivo, na descrição das atividades no capítulo 3, os jogos são apresentados da mesma forma que as demais atividades com os materiais manipulativos.

Sugerimos ainda que os parceiros de jogo sejam mantidos no desenvolvimento das diversas etapas propostas para cada jogo, para que os alunos não precisem se adaptar ao colega de jogo a cada partida. Para evitar a competitividade excessiva, você pode organizar o jogo de modo que duplas joguem contra duplas, para que não haja vencedor, mas dupla vencedora, e organizar as duplas de modo que não se cristalizem papéis de vencedor nem de perdedor.

Para terminar

O ensino de matemática no qual os alunos aprendem pela construção de significados pode ter como aliado o recurso aos materiais manipulativos, desde que as atividades propostas permitam a reflexão por meio de boas perguntas e pelo registro oral ou escrito das aprendizagens.

Como aliados do ensino, os materiais manipulativos podem ser abandonados pelo aluno na medida em que ele aprende. Embora sejam possibilidades mais concretas e estruturadas de representação de conceitos ou procedimentos, os materiais não devem ser confundidos com os conceitos e as técnicas; estes são aquisições do aluno, pertencem ao seu domínio de conhecimento, à sua cognição. Daí a importância de que as ideias ganhem sentido para o aluno além do manuseio com o material; a problematização e a sistematização pela oralidade ou pela escrita são essenciais para que isso aconteça.

De acordo com Ribeiro (2003), observou-se que alunos bem-sucedidos na aprendizagem possuíam capacidades cognitivas que lhes permitiam compreender a finalidade da tarefa, planejar sua realização, aplicar e alterar conscientemente estratégias de estudo e avaliar seu próprio processo durante a execução. Isso é o que chamamos de competências metacognitivas bem desenvolvidas. Foi também demonstrado que essas competências influenciam áreas fundamentais da aprendizagem escolar, como a comunicação e a compreensão oral e escrita e a resolução de problemas.

Ou seja, durante o processo de discussão e resolução de situações-problema, o aluno é incentivado a desenvolver sua metacognição ao reconhecer a dificuldade na sua compreensão de uma tarefa, ou tornar-se consciente de que não compreendeu algo. Saber avaliar suas dificuldades e/ou ausências de conhecimento permite ao aluno superá-las, recorrendo, muitas vezes, a inferências a partir daquilo que sabe.

Brown (apud Ribeiro, 2003, p. 110) chama a atenção para "a importância do conhecimento, não só sobre aquilo que se sabe, mas também sobre aquilo que não se sabe, evitando assim o que designa de ignorância secundária – não saber que não se sabe". O fato de os alunos poderem controlar e gerir seus próprios processos cognitivos exerce influência sobre sua motivação, uma vez que ganham confiança em suas próprias capacidades.

Nesse sentido, os recursos da comunicação vêm para potencializar o processo de aprender. Isto é, de acordo com Ribeiro (2003, p. 110):

> [...] o conhecimento que o aluno possui sobre o que sabe e o que desconhece acerca do seu conhecimento e dos seus processos parece ser fundamental, por um lado, para o entendimento da utilização de estratégias de estudo, pois presume-se que tal conhecimento auxilia o sujeito a decidir quando e que estratégias utilizar e, por outro, ou consequentemente, para a melhoria do desempenho escolar.

Assim, a contribuição dessa proposta de ensino é que o processo de reflexão, a que se referem os teóricos apresentados no início deste texto, se concretize em ações de ensino com possibilidade de desenvolver também atitudes valiosas, como a confiança do aluno em sua forma de pensar e a abertura para entender e aceitar formas de pensar diversas da sua. Na tomada de consciência de suas capacidades e faltas, o aluno caminha para o desenvolvimento do pensar autônomo.

Materiais didáticos manipulativos para o ensino de Frações e Números Decimais

O ensino de frações nos anos iniciais

Ao final do Ensino Fundamental I, 4º ou 5º ano, inicia-se a ampliação dos números estudados pelos alunos para além dos naturais. Os números racionais, em suas formas fracionária e decimal, são apresentados, e as primeiras noções sobre frações ganham espaço no currículo de matemática desses anos escolares.

São muitas as pesquisas que mostram a dificuldade dos alunos em aprender esses conteúdos, especialmente as frações. As avaliações nacionais, como as do SAEB – Sistema de Avaliação da Educação Básica, desenvolvido pelo INEP/MEC (2001, 2003), apontam também dificuldades dos alunos com os números fracionários.

Nunes e Bryant (1997, p. 191) afirmam que:

> Com as frações as aparências enganam. Às vezes as crianças parecem ter uma compreensão completa das frações e ainda não a têm. Elas usam os termos fracionários certos; falam sobre frações coerentemente, resolvem alguns problemas fracionais; mas diversos aspectos cruciais das frações ainda lhes escapam. De fato, as aparências podem ser tão enganosas que é possível que alguns alunos passem pela escola sem dominar as dificuldades das frações, e sem que ninguém perceba.

O ensino tem sido responsabilizado por esse fracasso, especialmente por se ater a representações de frações na forma de retângulos e círculos em textos didáticos que associam aos desenhos a escrita da fração, sem qualquer contexto de significados para a criança. Os materiais manipulativos também são questionados pelos pesquisadores, uma vez que são formas artificiais de representar frações que, muitas vezes, se restringem à manipulação desvinculada de contextos ou situações que façam sentido para a criança.

De acordo com Bertoni (2008, p. 210), com relação ao ensino centrado nos textos didáticos e em materiais manipulativos:

> Nesse caso, a didática produz um anteparo antes de o conceito de quantificador fracionário ser formado, propondo que o aluno entenda uma representação simbólica antes de ele saber o que está sendo representado, ou para que aquela representação servirá. O desenvolvimento que dá sequência a esses modelos, na aprendizagem usual dos números fracionários, envolve relações e operações entre eles, os quais permanecem centrados nos materiais e figuras, criando um universo próprio para a existência das frações, desvinculado da realidade.

Além da forma como o assunto é abordado tradicionalmente na escola, outras duas razões podem ser citadas como dificultadoras para a compreensão das frações pelos alunos. Uma delas é que há rapidamente uma ênfase excessiva na nomenclatura – introduzindo-se termos como numerador, denominador, frações equivalentes, frações próprias e impróprias – antes da compreensão do significado e dos usos do número fracionário. O segundo motivo é a inadequação do tempo de ensino e aprendizagem dedicado aos racionais na escola. Em geral, esse tema se concentra nos meses finais do ano, o que impede o aluno de pensar sobre eles. Passa-se um ano inteiro até que os alunos retomem novamente as noções e os conceitos referentes aos racionais. E como o tempo de ensinar não é o mesmo tempo da aprendizagem dos alunos, esse intervalo gera praticamente a necessidade de um recomeço total do tema por parte dos alunos e do professor.

Uma proposta para o ensino de frações

Tendo em vista os diversos fatores que têm tornado aprender frações algo difícil, muitos pesquisadores têm investigado e atuado junto a professores e alunos no sentido de elaborar propostas eficientes para o ensino desse tema.

As orientações que seguem são fruto de nossa experiência junto a professores e seus alunos e tiveram como base as diversas pesquisas realizadas e comprovadas como bons caminhos para a aprendizagem.

Para começar, os números racionais devem ser tema planejado e distribuído ao longo do ano todo, a partir do 4º ou do 5º ano do Ensino Fundamental. Respeitar o tempo de aprendizagem é a justificativa para essa opção. Assim, os alunos terão também tempo para vivenciar situações mais realistas sobre o emprego das frações em situações próximas e significativas.

No que diz respeito à nomenclatura excessiva, apesar de acreditarmos que a sala de aula deva ser rica em termos e expressões matemáticas, isso deve ser feito desde que os termos da linguagem matemática façam sentido para quem aprende. Aprender termos e usá-los não pode tomar o tempo da construção do conceito de fração propriamente dito. Por isso, a nomenclatura referente a números decimais e frações deve ser apresentada ao aluno à medida que se fizer necessária para a boa comunicação e para representar quantidades fracionárias. A tradicional classificação de frações não tem motivo para ser feita no Ensino Fundamental I, uma vez que não tem utilidade para continuar aprendendo matemática e não responde a qualquer situação-problema importante para o aluno desse nível de escolaridade.

Quanto à forma de ensino, é preciso conhecer os principais significados que a fração representa ao se iniciar a aprendizagem desse conceito.

A fração como parte de um todo é comumente apresentada usando-se inicialmente representações contínuas, com exemplos como bolos, *pizzas*, barras de chocolate, para depois apresentar a fração como parte de um todo discreto, usando como exemplos balas, bolinhas, flores etc. Aqui são introduzidas as frações menores do que o inteiro (o todo que foi dividido em partes iguais). Assim temos:

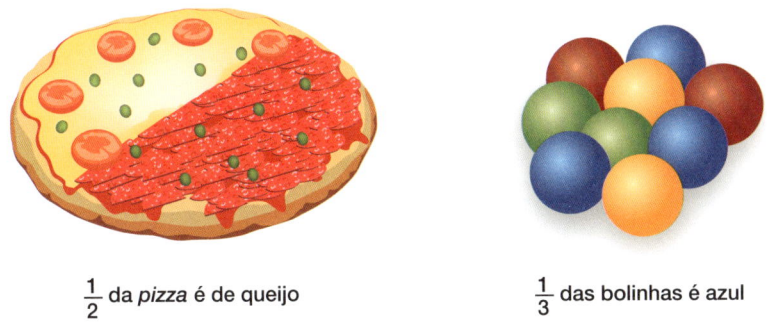

$\frac{1}{2}$ da *pizza* é de queijo $\frac{1}{3}$ das bolinhas é azul

$\frac{3}{4}$ de um copo estão com leite $\frac{2}{3}$ das moças são morenas

Nesses contextos, são naturais as frações menores do que o inteiro. Para dar algum significado às frações maiores do que 1, é preciso trabalhar a segunda ideia relativa às frações: a fração como resultado da divisão de inteiros em partes iguais.

Dividir uma folha de papel para duas pessoas:

$1 \div 2 = \frac{1}{2}$

Resulta em $\frac{1}{2}$ folha para cada pessoa.

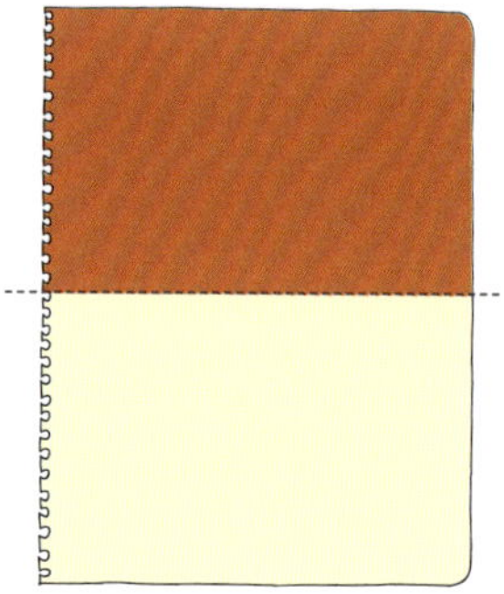

Dividir 6 biscoitos para 4 crianças:

4 biscoitos inteiros   e   4 metades

Uma possibilidade é dar um biscoito a cada uma; partir os 2 biscoitos que sobram ao meio e dar uma metade a cada criança. Nesse caso, podemos representar simbolicamente por:

$$6 \div 4 = 1 + \frac{1}{2}$$

Outra solução é dividir cada biscoito em 4 partes iguais; cada criança recebe, então, uma parte de cada biscoito:

$$6 \div 4 = \frac{6}{4}$$

24 quartos de biscoitos; 6 quartos de biscoitos para cada uma das 4 crianças

A fração como razão de comparação entre duas grandezas raramente é trabalhada antes do 6º ano, mas seu significado deve ser conhecido pelo professor. Quando dizemos que 2 entre 5 alunos de uma escola preferem as aulas de educação física, estamos comparando duas grandezas: todos os alunos da escola e aqueles que preferem educação física. Podemos dizer, então, que $\frac{2}{5}$ dos alunos dessa escola preferem educação física. Nesse caso, a fração é o resultado da comparação. Observe que, como razão, o sentido da fração é bem distinto dos dois outros anteriormente apresentados.

A valorização excessiva de uma ideia em relação a outra e a limitação de modelos usados para explorar o tema podem dificultar que os alunos percebam o sentido da representação fracionária dos racionais.

Há, ainda, para alguns pesquisadores, outra ideia do conceito de fração distinta do conceito de fração como parte de um todo. Nos casos em se deseja saber o valor de uma fração de um número, a fração é denominada como um operador, uma vez que ela age sobre o número para gerar um valor resultado dessa ação. Explicando com um exemplo, vamos considerar a fração $\frac{2}{3}$:

$\frac{2}{3}$ de 15 bolinhas ou $\frac{2}{3}$ de 15 reais ou $\frac{2}{3}$ do comprimento de uma escada com 15 metros gera como resposta o número 10 (bolinhas, reais ou metros), assim como $\frac{2}{3}$ de 24 = 16; $\frac{2}{3}$ de 51 = 34; ...; $\frac{2}{3}$ de um número gera outro número como resposta, sempre pela operação que significa $\frac{2}{3}$ do número.

Uma diferenciação importante: o inteiro

Embora o conceito de fração seja único, ele assume aspectos diferentes em cada situação em que é utilizado. Mas há ainda uma diferenciação importante, quando a fração é aplicada a **todos discretos**[1] (fração de quantidade) ou a **todos contínuos**.[2]

O conceito de fração para **todos discretos** (fração de quantidade) corresponde a dividir o conjunto de elementos do grupo que será fracionado e fazer uma divisão em grupos com igual quantidade de elementos, sem que haja quebra dos elementos em cada grupo.

Por exemplo, se quisermos pegar $\frac{1}{2}$ de um conjunto contendo 18 ovos, nada mais faremos do que dividir os 18 ovos em 2 grupos, tendo cada grupo a mesma quantidade de ovos, e tomar um deles, que será a metade. Como 18 ÷ 2 = 9, cada um dos grupos corresponde a 9 ovos.

O conceito de fração de **todos contínuos** parte de um todo, visualmente unitário, que, ao ser subdividido, resulta partes com a mesma medida. Por exemplo, se quisermos pegar $\frac{1}{2}$ de um doce, deveremos cortá-lo em 2 partes de mesmo tamanho e tomar uma dessas partes. No caso do doce, é esperado que as duas metades tenham a mesma massa. No entanto, se quisermos obter $\frac{1}{2}$ de uma corda ou $\frac{1}{2}$ de um copo de suco, a corda e o conteúdo do copo deverão ser divididos em partes iguais com mesmo comprimento ou capacidade, respectivamente.

Observe que a ação de fracionar, ou repartir, é diferente, dependendo da natureza daquilo que se está fracionando. No caso de **todos discretos**, ou fração de quantidade, a repartição se dá por contagem de unidades. No caso de **todos contínuos**, a repartição se dá pela medição de área, comprimento, massa, volume..., dependendo do inteiro que se quer fracionar.

No entanto, nos dois casos, a ideia de fração está relacionada ao ato de dividir o todo em partes exatamente iguais, de modo que não haja sobra, e considerar uma ou mais partes como frações desse todo.

É exatamente por isso que as possibilidades de frações em **todos discretos** são sempre finitas, pois, com os 18 ovos, não é possível considerar, por exemplo, frações como $\frac{3}{8}$ e $\frac{2}{5}$ desses ovos, já que não podemos dividir igualmente 18 ovos em 8 ou 5 grupos sem que sobrem ovos.

---

[1] São exemplos de todos discretos: balas, bolas, CDs, bonecas, animais, pessoas, brinquedos, entre outros.

[2] São exemplos de todos contínuos: bolo, chocolate, *pizza*, suco, leite, pedaços de barbante, massa de um objeto, entre outros.

No caso de **quantidades contínuas**, as possibilidades de frações são sempre infinitas, uma vez que podemos cortar o todo em quantas partes iguais quisermos sem que haja resto, ou seja, no exemplo do doce, podemos ter as mais variadas frações do doce.

Outro aspecto importante a ser considerado é que, tradicionalmente, as frações são abordadas antes dos números decimais com um enfoque inicial em apenas uma de suas ideias (parte do todo) e com quase nenhuma relação com as medidas, o que é um contrassenso, uma vez que, historicamente, foram as medidas que deram origem às frações. Além disso, como vimos, as frações de todos contínuos estão estritamente relacionadas a uma medição. Logo, as medidas devem ser estudadas com as frações para servir de contexto para as questões que podem dar sentido às frações.

Resumindo, toda essa discussão traz para o ensino algumas consequências. Para construir o conceito de fração é preciso que os alunos vivenciem muitas situações que envolvam modelos diferentes que representem o inteiro e que desde cedo analisem os significados que a fração pode ter, bem como seus usos.

Receitas, artigos de jornais e revistas, situações cotidianas de divisão de materiais e de medições são contextos naturais nos quais os alunos podem pensar sobre a natureza do todo; no processo de resolução dos problemas, eles têm mais chance de compreender frações como novos números que respondem a questões que não têm solução apenas usando-se os números naturais.

Os materiais manipulativos que serão apresentados no capítulo 3 são, portanto, apenas um recurso para o ensino de frações e não podem se restringir ao simples manuseio das peças. Eles podem e devem ser vistos como complementares a uma gama considerável de outras atividades e contextos, sendo tais materiais um dos contextos para a proposição de situações-problema que permitam ao aluno entender os diversos aspectos envolvidos no conceito de fração.

Equivalência de frações e as operações

Conhecer um campo numérico envolve vários aspectos. Compreender o significado de um conjunto de números sem dúvida requer a construção do conceito desses números, como é o caso das frações, mas espera-se que, para cada campo numérico, os alunos saibam ler e escrever esses números, saibam também compará-los e operar com eles.

Assim, é natural que o ensino das frações contenha também a leitura, a escrita e a comparação desses números e as operações básicas entre frações.

No entanto, usualmente as operações são apresentadas aos alunos antes mesmo da compreensão do sentido das frações. Isso significa que, antes de as operações serem formalizadas, é preciso cuidar da construção do conceito, como foi discutido no item anterior.

Entretanto, situações que solicitam comparar e operar com frações antes da formalização dos algoritmos permitem ao aluno desenvolver raciocínios próprios e procedimentos não usuais que auxiliam a compreensão do conceito de fração. Ou seja, podemos propor aos alunos problemas como este:

Mariana pegou algumas das maçãs da fruteira e as cortou em metades e em quatro partes iguais. Quantas maçãs estavam na fruteira?

Aqui, em um processo de contagem estendida a não inteiros, naturalmente o aluno faz adições de frações e multiplicações de frações por inteiros. Mesmo que apenas a resposta seja obtida pelo aluno (4 maçãs), para obtê-la foi preciso adicionar metades e quartos até formar inteiros e empregar a noção de equivalência. Isso pode ser sistematizado da forma a seguir.

Usando escritas aditivas:

$$\frac{1}{2}+\frac{1}{2}=1 \qquad \frac{1}{4}+\frac{1}{4}=\frac{2}{4}=\frac{1}{2} \qquad \frac{1}{4}+\frac{1}{4}+\frac{1}{4}+\frac{1}{4}=\frac{4}{4}=1$$

$$1+1+\frac{1}{2}+\frac{1}{2}+\frac{1}{4}+\frac{1}{4}+\frac{1}{4}+\frac{1}{4}=1+1+1+1=4$$

Ou ainda, com escritas multiplicativas:

$$2 \times \frac{1}{2} = 1 \qquad 2 \times \frac{1}{4} = \frac{2}{4} = \frac{1}{2} \qquad 4 \times \frac{1}{4} = \frac{4}{4} = 1$$

$$2 \times 1 + 2 \times \frac{1}{2} + 4 \times \frac{1}{4} = 2 + 1 + 1 = 4$$

Esse simples exemplo mostra que não é preciso ter os algoritmos e técnicas para pensar sobre as operações com frações e que, ao pensar sobre como operar com frações, os conceitos de fração e de equivalência se desenvolvem e se aperfeiçoam. Essa é a meta do ensino de frações no Ensino Fundamental I, e não as operações e técnicas em si mesmas, roubando o tempo para a formação do conceito de fração.

As receitas, ao serem duplicadas ou triplicadas para servir a mais pessoas, são contexto interessante para que os alunos pensem sobre adição, multiplicação de frações por inteiros e equivalência.

Os materiais manipulativos também são bons recursos para que os alunos encontrem procedimentos próprios para comparar e operar com frações. Pretendemos mostrar isso nas atividades propostas no capitulo 3, a seguir.

A multiplicidade de situações-problema e a flexibilização em relação à linguagem e às técnicas formais são rotas seguras para que os alunos dos anos iniciais se aproximem das frações sem que elas se tornem vilãs da aprendizagem de matemática.

Uma palavra sobre os números decimais

O ensino dos números decimais pode ser iniciado assim que os alunos conhecem as frações, quando esses números são apresentados como sendo a escrita com uso de vírgula das frações com denominadores 10, 100, 1000, ...

$$\frac{1}{10} = 0,1 \quad \frac{1}{100} = 0,01 \quad \frac{1}{1000} = 0,001 \quad \frac{7}{10} = 0,7 \quad \frac{42}{100} = 0,42 \ldots$$

Neste livro, os materiais manipulativos, em especial o ábaco de pinos, são apresentados para auxiliar o aluno a compreender a decomposição dos números decimais nas ordens do Sistema de Numeração Decimal, introduzindo-se as ordens dos décimos, centésimos, milésimos. Além disso, no ábaco podem ser simuladas as trocas necessárias nas operações de adição e subtração de números com vírgula, da mesma forma como nos algoritmos formais com números inteiros.

É importante lembrar que, assim como para as frações, a compreensão dos números decimais não pode ficar restrita ao uso desses materiais. O aluno precisa também ser confrontado com o uso desses números em situações diversas e com a resolução de situações-problema que envolvam esses números.

Assim, no ensino, os alunos precisam ter oportunidades para pesquisar onde aparecem esses números, como, por exemplo, no sistema monetário e na quantificação de medições.

Sabemos também que, pela familiaridade dos alunos com a escrita desses números, os decimais não geram tantas dificuldades para serem compreendidos quanto as frações. Por isso, reforçamos as orientações anteriores no sentido de cuidar da construção pelo aluno dos conceitos relacionados às frações, de modo a favorecer a continuidade do seu estudo, seja aprendendo os decimais ou outro conteúdo relacionado a elas.

Os materiais específicos para desenvolver a compreensão de **frações** que serão apresentados neste texto são:

Os materiais específicos para desenvolver a compreensão de **números decimais** que serão apresentados neste texto são:

Atividades de Frações e Números Decimais com materiais didáticos manipulativos

Em todo o texto apresentado até aqui, duas perspectivas metodológicas formam a base do projeto dos materiais manipulativos para aprender matemática: a utilização dos recursos de **comunicação** e a proposição de **situações-problema**.

Elas se aliam e se revelam, neste texto, na descrição das etapas de cada atividade ou jogo. São sugeridos os encaminhamentos da atividade na forma de questões a serem propostas aos alunos antes, durante e após a atividade propriamente dita, assim como a melhor forma de apresentação do material.

Para começar, é importante que os alunos tenham a oportunidade de manusear o material livremente para que algumas noções comecem a emergir da exploração inicial, para que depois, na condução da atividade, as relações percebidas possam ser sistematizadas.

De modo geral, cada **sequência de atividades** apresenta as seguintes partes:
- **Conteúdos**
- **Objetivos**
- **Organização da classe** (sob a forma de ícone)
- **Recursos**
- **Descrição das etapas**
- **Atividades**
- **Respostas**

Em cada sequência, a organização da classe é indicada por meio de ícones, que aparecem ao lado do item "Conteúdos". Os ícones utilizados são os seguintes:

Individual   Dupla   Trio   Quarteto   Grupo de cinco

Quando houver mais uma forma de organização dos alunos, isso é indicado por mais de um ícone.

Cada uma das sequências de atividades propõe na descrição das etapas uma série de procedimentos para o ensino e para a organização dos alunos e dos materiais, de modo a assegurar que os objetivos sejam alcançados.

O texto que descreve as etapas de cada sequência foi escrito para ser uma conversa com o professor e visa explicitar nossa proposta de uso de cada material. Nas etapas estão detalhadas a organização da classe, a forma como idealizamos a apresentação do material aos alunos, as questões que podem orientar o olhar deles para o que queremos ensinar, as atividades que serão propostas a todos de forma escrita ou oral, a proposição de painéis ou rodas de discussão, o que se espera como registro dos alunos e orientações para avaliação da aprendizagem.

Durante a descrição das etapas, muitas vezes o texto é interrompido por uma seção chamada **Fique atento!**, na qual se destaca alguma propriedade matemática que o professor deve conhecer para melhor encaminhar a atividade, ou então se enfatiza alguma questão metodológica importante para a compreensão da forma como a atividade está proposta no texto.

Depois da descrição das etapas, vêm as atividades referentes ao tema ou procedimento tratado, seguidas das respectivas respostas. Há, no entanto, casos em que essa ordem é invertida: as respostas aparecem antes das atividades. Essa inversão foi feita para que as atividades pudessem ser agrupadas numa página em separado, a fim de possibilitar ao professor reproduzi-la e distribuí-la para os alunos. As atividades em que isso ocorre são aquelas que apresentam tabelas ou algum elemento gráfico, como figuras, que dificultariam a sua transcrição no quadro pelo professor e, principalmente, a sua transcrição no caderno pelo aluno. Todas as atividades do livro estão disponíveis para *download*, como indicado pelo ícone ao lado. Para baixá-las, em www.grupoa.com.br, acesse a página do livro por meio do campo de busca e clique em Área do Professor.

Cabe agora ao professor refletir sobre seu planejamento para determinar quando e como utilizar os materiais manipulativos, assim como qual é o momento em que eles devem ser abandonados. É pela avaliação constante das aprendizagens dos alunos e de suas observações em cada atividade que essas decisões podem ser tomadas de forma mais adequada e eficiente.

Frações circulares

Este material estruturado representa frações de um inteiro na forma de um disco circular.

No ensino de frações, é muito importante destacar a noção ou o significado de uma fração, e isso pode ser trabalhado com este material, como pode ser visto nas primeiras atividades propostas. Após essas atividades, é natural que os alunos relacionem as peças umas com as outras e percebam a equivalência entre duas ou mais frações.

Pela manipulação é possível ao aluno comparar, adicionar e subtrair frações e, especialmente, identificar frações equivalentes pela sobreposição de peças.

Diferenciados pela cor, os discos representam as seguintes frações:

$1 \quad \frac{1}{2} \quad \frac{1}{3} \quad \frac{1}{4} \quad \frac{1}{5}$

$\frac{1}{6} \quad \frac{1}{8} \quad \frac{1}{9} \quad \frac{1}{10} \quad \frac{1}{12}$

Esse material pode ser encontrado em versão comercial, em que os discos são feitos em madeira ou em EVA (um tipo de borracha chamado Etil Vinil Acetato). Mas podem também ser feitos em papel grosso, no qual são traçadas circunferências de 6 cm a 8 cm de raio. Pode-se também reproduzir essas peças com base no material que se encontra no capítulo 4. Os discos, depois de recortados, podem ser pintados pelos alunos nas cores sugeridas nas figuras acima, de modo

Frações circulares em EVA.

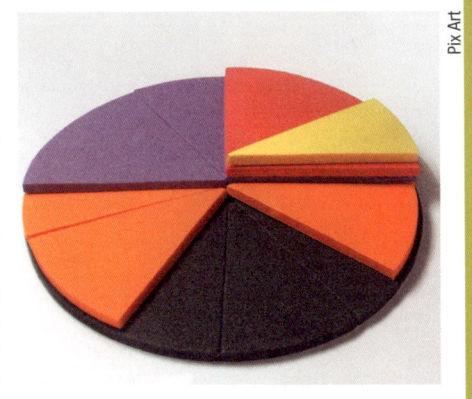

Frações circulares

que, ao propor as atividades a seguir, você possa se referir aos discos por sua cor.

Uma versão mais simples desse material pode ser feita trocando-se os círculos por tiras de papel, como cartolina ou papel-cartão. Essas tiras devem ser recortadas e pintadas nas mesmas cores dos círculos, com as divisões em partes iguais de acordo com a figura a seguir, cada uma representando uma fração do inteiro 1.

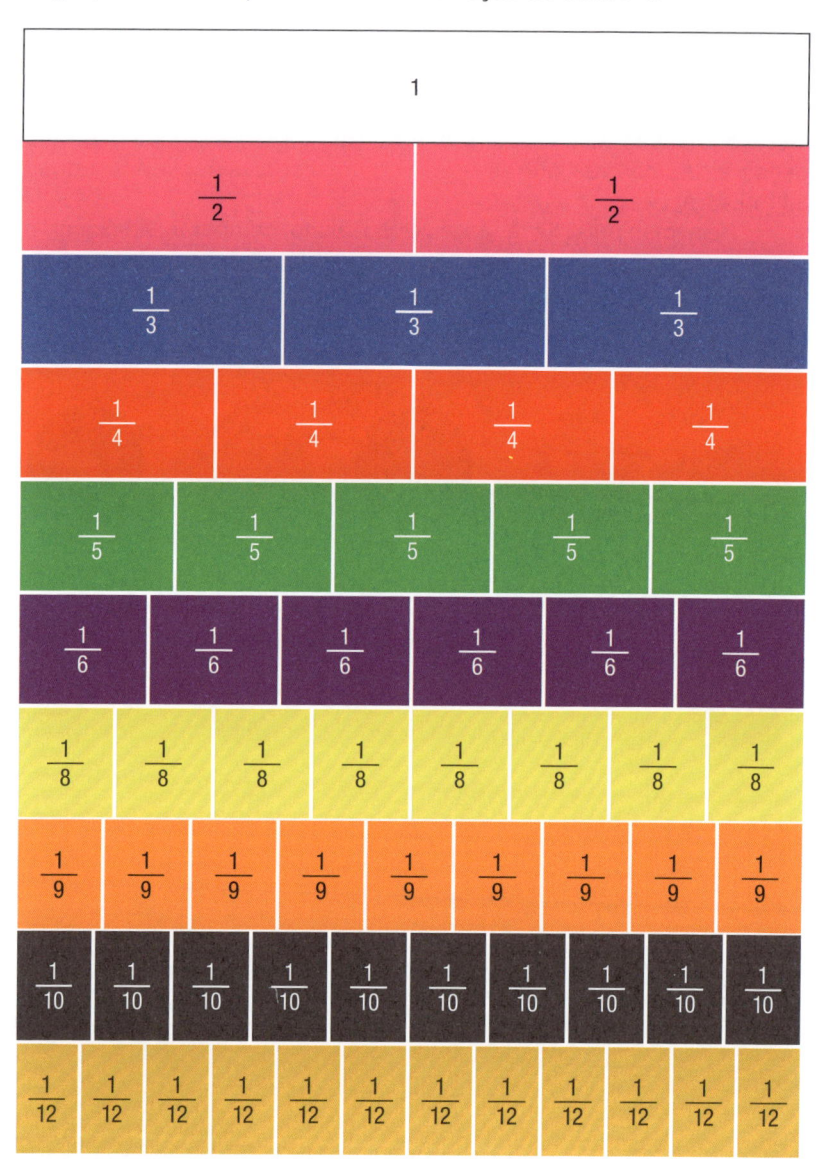

1

| $\frac{1}{2}$ | $\frac{1}{2}$ |

| $\frac{1}{3}$ | $\frac{1}{3}$ | $\frac{1}{3}$ |

| $\frac{1}{4}$ | $\frac{1}{4}$ | $\frac{1}{4}$ | $\frac{1}{4}$ |

| $\frac{1}{5}$ | $\frac{1}{5}$ | $\frac{1}{5}$ | $\frac{1}{5}$ | $\frac{1}{5}$ |

| $\frac{1}{6}$ | $\frac{1}{6}$ | $\frac{1}{6}$ | $\frac{1}{6}$ | $\frac{1}{6}$ | $\frac{1}{6}$ |

| $\frac{1}{8}$ | $\frac{1}{8}$ | $\frac{1}{8}$ | $\frac{1}{8}$ | $\frac{1}{8}$ | $\frac{1}{8}$ | $\frac{1}{8}$ | $\frac{1}{8}$ |

| $\frac{1}{9}$ | $\frac{1}{9}$ | $\frac{1}{9}$ | $\frac{1}{9}$ | $\frac{1}{9}$ | $\frac{1}{9}$ | $\frac{1}{9}$ | $\frac{1}{9}$ | $\frac{1}{9}$ |

| $\frac{1}{10}$ | $\frac{1}{10}$ | $\frac{1}{10}$ | $\frac{1}{10}$ | $\frac{1}{10}$ | $\frac{1}{10}$ | $\frac{1}{10}$ | $\frac{1}{10}$ | $\frac{1}{10}$ | $\frac{1}{10}$ |

| $\frac{1}{12}$ | $\frac{1}{12}$ | $\frac{1}{12}$ | $\frac{1}{12}$ | $\frac{1}{12}$ | $\frac{1}{12}$ | $\frac{1}{12}$ | $\frac{1}{12}$ | $\frac{1}{12}$ | $\frac{1}{12}$ | $\frac{1}{12}$ | $\frac{1}{12}$ |

Na elaboração desse material não é preciso escrever as frações nas tiras. Os números aqui colocados são para orientar a divisão de cada tira em partes iguais.

1° 2° 3° **4° 5°** ANO ESCOLAR

1 Montando discos

Conteúdos
- Conceito de fração como divisão de um todo em partes iguais
- Significado e representação de números fracionários

Objetivos
- Relacionar cada representação fracionária a uma divisão
- Relacionar a escrita fracionária a sua representação simbólica
- Elaborar as primeiras hipóteses sobre o que são frações

Recursos
- Um conjunto de frações circulares por dupla, caderno, folha de papel branca e lápis

Descrição das etapas

- **Etapa 1**

Cada dupla deve pegar o conjunto de frações circulares e montar os círculos rosa, azul e vermelho sobre a mesa. Você pode iniciar esta sequência de atividades questionando quantas peças formam cada círculo e, depois, pedir aos alunos que respondam às atividades 1 e 2, que se encontram mais à frente, no item "Atividades".

Na atividade 2, espera-se que os alunos percebam que uma peça verde é uma parte de um círculo dividido em cinco partes; duas peças pretas são dois pedaços de dez e assim por diante. O item **c** propõe a realização de questionamentos como esses entre as duplas. O colega de dupla questionado deve relacionar a quantidade de peças apresentada pelo aluno com a quantidade que forma o círculo.

Ao final da Etapa 1, pergunte o que os alunos podem concluir observando os círculos montados sobre as mesas. É importante que concluam que cada peça é uma parte de um círculo que foi dividido em partes iguais. Aproveite a ocasião para fazer essa anotação no quadro e peça aos alunos que a anotem no caderno.

fique atento!

Antes de continuar, é importante que os alunos saibam os nomes das frações presentes nos diversos círculos. Mostre-lhes a escrita numérica dessas frações e associe os nomes das frações a desenhos que as representem e que se assemelhem ao material das frações circulares, como no exemplo ao lado.

- **Etapa 2**

Em outro momento, proponha aos alunos as atividades 3 e 4. Se for preciso, leia as frações que aparecem na atividade 4 para auxiliá-los na associação com o material.

Para terminar, proponha a cada aluno da dupla que desafie o outro, escrevendo uma fração que deve ser representada no material por seu colega. Peça que ao final eles escolham 3 dessas frações e as desenhem no caderno.

Utilize esses registros para avaliar o que aprenderam e como usam a linguagem matemática.

Respostas

1. a) 2 peças rosa cobrem o disco branco.
   b) 3 peças azuis cobrem o disco branco.
   c) 4 peças vermelhas cobrem o disco branco.

2. b) 1 peça azul é o mesmo que 1 das 3 peças que formam o círculo azul; 3 peças vermelhas são o mesmo que 3 das 4 peças que formam o círculo vermelho; 1 peça verde é o mesmo que 1 das 5 peças que formam o círculo verde.

3. Respostas pessoais.

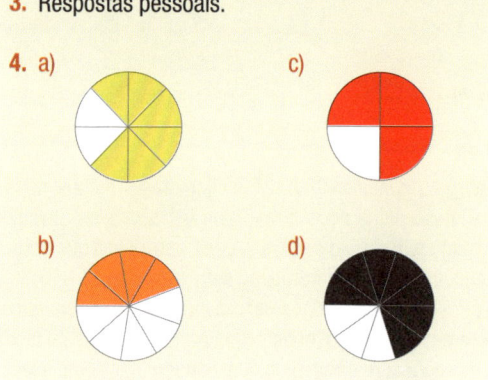

4. a) c)

   b) d)

ATIVIDADES

1. a) Coloque as peças rosa sobre o disco branco, cobrindo-o totalmente. Quantas peças rosa são necessárias para cobrir esse disco?
   b) Coloque as peças azuis sobre o disco branco. Quantas peças azuis são necessárias para formar um disco?
   c) Coloque as peças vermelhas sobre o disco branco. Quantas peças vermelhas são necessárias para formar um disco?

2. Podemos dizer que pegar duas peças verdes é o mesmo que pegar 2 partes de um círculo cortado em 5 partes iguais, ou seja, 2 de 5.
   a) Monte em sua mesa um círculo azul, um vermelho e um verde.
   b) Explique o que significa pegar 1 peça azul, 3 peças vermelhas e 1 peça verde.
   c) Escolha uma cor, monte o círculo em sua mesa, pegue algumas peças e pergunte a seu colega de dupla que parte você retirou do círculo.

3. a) Em sua opinião, o que significa um terço? Utilizando as peças azuis, faça um desenho no caderno que possa acompanhar sua explicação.
   b) Em sua opinião, o que significam dois quintos? Utilizando as peças verdes, faça um desenho no caderno que possa acompanhar sua explicação.
   c) Agora, faça um desenho na folha de papel branca, utilizando a cor e a quantidade de peças que desejar, para que seu colega de dupla descubra que fração você representou.

4. Selecione as peças do material e monte em sua mesa:
   a) $\dfrac{6}{8}$
   b) $\dfrac{4}{9}$
   c) $\dfrac{3}{4}$
   d) $\dfrac{7}{10}$

1º 2º 3º **4º 5º** ANO ESCOLAR

2 Brincando de *pizzaiolo*

Conteúdos
- Conceito de fração como divisão de um todo em partes iguais
- Significado e representação de números fracionários
- Frações equivalentes

Objetivos
- Relacionar cada representação fracionária a uma divisão
- Relacionar a escrita fracionária a sua representação simbólica
- Resolver problemas que envolvam a ideia de fração
- Operar com frações equivalentes
- Conhecer frações maiores que 1

Recursos
- Um conjunto de frações circulares por dupla, caderno e lápis

Descrição das etapas

- **Etapa 1**

Cada dupla deve pegar o conjunto de frações circulares e montar todos os círculos sobre a mesa. Inicie esta sequência de atividades dizendo que utilizarão os círculos para resolver um a um os problemas da atividade 1. O primeiro problema possui várias respostas possíveis, uma vez que podemos dividir as *pizzas* de várias formas. Garanta que, ao desenhar a solução, os alunos façam o desenho da fração e utilizem registros fracionários para acompanhá-los, mesmo que cada pessoa receba uma *pizza* inteira. Dessa forma, perceberão que $\frac{8}{8}$, por exemplo, é igual a 1. O foco desta atividade está na discussão dos diferentes registros que podemos obter ao compor diferentes frações que resultam 1 inteiro. Aproveite também para fazer uso do termo **inteiro** ao se referir à fração do círculo inteiro.

Ao resolver este problema, você também pode desafiar os alunos a compor diferentes *pizzas*. Por exemplo, é possível que cada pessoa receba 1 *pizza* formada de $\frac{1}{3} + \frac{2}{6} + \frac{3}{9} = 1$. Nesse caso, é muito importante que façam esse registro.

No item **b**, para distribuir 5 *pizzas* entre 3 pessoas, os alunos podem separar uma *pizza* inteira para cada um e dividir as duas que sobraram. Assim, se dividirem em terços obtém-se como resposta 1 e $\frac{2}{3}$. Você pode aproveitar a discussão e perguntar quantos terços formam um inteiro e anotar no quadro que $1 = \frac{3}{3}$; portanto, temos: $\frac{3}{3} + \frac{2}{3} = \frac{5}{3}$.

- **Etapa 2**

Oriente os alunos a montar as frações que estão na atividade 2 e que julgarem ser maiores que 1 inteiro. Peça a algumas duplas que registrem no quadro as frações escolhidas e promova uma discussão com base nas discordâncias que eventualmente surgirem entre os alunos.

Ao final, faça os registros no quadro evidenciando como obtiveram cada uma das frações maiores do que 1. Por exemplo:

$$\frac{3}{2} = \frac{1}{2} + \frac{1}{2} + \frac{1}{2} \text{ ; e como } \frac{1}{2} + \frac{1}{2} = 1, \text{ então } \frac{3}{2} = 1 + \frac{1}{2}$$

No caso da fração 2, esperamos que os alunos percebam que se trata de dois círculos inteiros.

Respostas

1. a) Há várias respostas: $\frac{1}{2}$, $\frac{2}{4}$, $\frac{3}{6}$, $\frac{4}{8}$ ou $\frac{5}{10}$ de *pizza*, ou seja, metade de uma *pizza* inteira.

   b) As soluções possíveis com o material são: $\frac{1}{3}$, $\frac{2}{6}$ ou $\frac{3}{9}$.

   c) $5 \div 3 = \frac{5}{3}$ pode ser respondido como: $1 + \frac{2}{3} = \frac{3}{3} + \frac{2}{3} = \frac{5}{3}$, ou seja, uma *pizza* inteira mais três terços.

2. $\frac{3}{2}$; $\frac{9}{3}$; $\frac{2}{1}$; $\frac{5}{3}$

ATIVIDADES

1. Pegue um conjunto de frações circulares para trabalhar com seu colega de dupla. Montem os círculos sobre a mesa e selecionem aqueles que possam ajudá-los a resolver os seguintes problemas:
   a) Como podemos dividir 1 *pizza* para 2 pessoas? Observando os círculos coloridos, faça a divisão e desenhe no caderno pelo menos duas soluções diferentes para essa divisão.
   b) Repita o que fez no item anterior, mas agora para dividir 1 *pizza* entre 3 pessoas.
   c) Como podemos dividir 5 *pizzas* para 3 pessoas? Observando os círculos coloridos, desenhe a solução no caderno.

2. Da lista de frações abaixo, represente com os círculos fracionários aquelas que são maiores que 1.

$$\frac{3}{5} \; ; \; \frac{2}{3} \; ; \; \frac{1}{2} \; ; \; \frac{3}{2} \; ; \; \frac{7}{8} \; ; \; \frac{9}{3} \; ; \; 2 \; ; \; \frac{4}{4} \; ; \; \frac{3}{3} \; ; \; \frac{5}{3}$$

1° 2° 3° 4° 5° ANO ESCOLAR

3 Comparando frações

Conteúdos
- Significado e representação de números fracionários
- Comparação de frações

Objetivos
- Relacionar as peças do material às frações que elas representam
- Comparar as frações $\frac{1}{2}, \frac{1}{3}, \frac{1}{4}, \frac{1}{5}, \frac{1}{6}, \frac{1}{8}, \frac{1}{9}$ e $\frac{1}{10}$ entre si
- Reconhecer algumas frações equivalentes

Recursos
- Um conjunto de frações circulares por quarteto, uma caixa, folha de papel branca, uma borracha retangular com as palavras **maior** e **menor**, uma em cada face maior da borracha, caderno e lápis

Descrição das etapas

- **Etapa 1**

Leia as regras do jogo com os alunos e verifique se entenderam como jogar. A seguir, coloque uma peça de cada cor na caixa que ficará no centro da mesa. Depois de decidirem a ordem de cada jogador, o primeiro deles, de olhos fechados, retira uma peça. Em seguida, lança a borracha e verifica se deve dizer uma fração maior ou menor do que aquela que retirou da caixa. Estimule os alunos a checar se acertaram ou não a fração indicada utilizando as peças do material para comparar seu tamanho. Nesta etapa, é importante incentivar os alunos a utilizar a nomenclatura fracionária em suas comparações. Por exemplo, eles devem dizer: "Um terço é maior que um quinto". Para isso, precisam relacionar a cor à sua representação fracionária (rosa representa meios, azul representa terços e assim por diante).

- **Etapa 2**

Terminado o jogo, os alunos podem fazer registros no caderno relatando suas aprendizagens. Solicite que escrevam o que mais aprenderam sobre fração e que utilizem o material para fazer desenhos que possam ilustrar seu texto. Você pode utilizar esse registro para avaliar o que os alunos estão entendendo sobre frações. É bem provável que anotem as frações que já sabem comparar mentalmente, por exemplo: "Aprendi que 1/6 é menor que 1/3".
Depois, solicite que coloquem uma peça de cada cor sobre a mesa. A seguir, devem organizar as peças na ordem crescente e anotar no caderno essa lista.

> **fique atento!**
>
> Alguns alunos poderão observar que, quanto maior o denominador, menor é o tamanho da fração. Essa é uma observação importante de ser compartilhada com a classe. Aproveite esse momento para apresentar os termos **numerador** e **denominador** e solicitar a anotação dessa observação utilizando essas palavras.

- **Etapa 3**

Convide os alunos a jogar pela segunda vez e, depois, peça que resolvam as atividades. Observe que precisarão do círculo do vencedor para responder à atividade 1. Neste momento, esperamos que eles desenhem o círculo colorido com as peças que o compõem e anotem ao lado a escrita fracionária que forma 1 inteiro. Por exemplo:

$$\frac{2}{3} + \frac{2}{6} = 1$$

Para realizar a atividade 2, devem formar um círculo com diferentes peças e anotar a escrita fracionária.

As atividades 3 e 4 correspondem a simulações deste jogo. Inicialmente, desafie os alunos a resolvê-las sem utilizar o material. Observe quais crianças identificam $\frac{1}{4} + \frac{1}{4}$ como meio. Esperamos que os alunos percebam que basta Letícia retirar $\frac{1}{6}$ para ganhar o jogo, e que percebam também que Oscar tirou $\frac{4}{8}$, que correspondem a metade de um círculo, $\frac{1}{4}$, que é metade da metade, e $\frac{1}{5}$, que é menor que $\frac{1}{4}$; portanto, ele não formou 1 inteiro.

REGRAS

1. Em uma caixa, no centro da mesa, coloca-se uma peça de cada cor do material frações circulares.
2. Decide-se quem iniciará o jogo e quais serão os próximos jogadores.
3. Cada jogador, na sua vez, retira de olhos fechados uma peça da caixa. A seguir, lança a borracha e verifica a inscrição que ficou virada para cima. Se sair a palavra **menor**, diz uma fração menor do que aquela que retirou da caixa. Se sair a palavra **maior**, diz uma fração maior do que aquela que retirou da caixa.
4. Para verificar se o jogador acertou, os adversários podem comparar a peça retirada da caixa com peças do seu conjunto de frações circulares.
5. As frações retiradas da caixa pelo jogador e as apresentadas como maiores ou menores são utilizadas por ele para montar um círculo.
6. Na sua vez, se o jogador perceber que não consegue formar um círculo, ele pode escolher descartar uma das peças que retirou em jogadas anteriores, colocando-a na caixa no centro da mesa.
7. Vence o jogo quem montar um círculo inteiro em primeiro lugar.

ATIVIDADES

1. Desenhe no caderno o círculo do vencedor do jogo e anote as frações que ele utilizou para formar 1 inteiro.

2. Utilizando o material, monte 1 inteiro de duas outras maneiras diferentes. Anote as soluções no caderno com desenho e com escrita fracionária.

3. Letícia retirou as peças $\frac{1}{3}$, $\frac{1}{4}$, $\frac{1}{4}$ e Antônio retirou as peças $\frac{1}{4}$, $\frac{1}{4}$ e $\frac{1}{5}$. Qual deles poderá ganhar o jogo na próxima rodada? Qual peça esse jogador precisará retirar?

4. Oscar retirou as peças $\frac{1}{8}$, $\frac{1}{8}$, $\frac{1}{8}$, $\frac{1}{8}$, $\frac{1}{4}$ e $\frac{1}{5}$. Ele passou de um inteiro ou não?

Respostas

3. Os dois podem vencer. Letícia vence pegando a peça $\frac{1}{6}$. Antônio ganha se pegar a peça $\frac{1}{5}$, retirar "menu" no lançamento da borracha e disser $\frac{1}{10}$.

4. Não, ele não completou um inteiro.

Montando frações equivalentes I

4 | 1° 2° 3° **4° 5°** ANO ESCOLAR

Conteúdos
- Significado e representação de números fracionários
- Frações equivalentes
- Adição de frações

Dupla contra dupla

Objetivos
- Relacionar as peças do material às frações que elas representam
- Comparar e adicionar frações
- Formar frações equivalentes utilizando sextos e doze avos

Recursos
- Um conjunto de frações circulares e um dado comum por dupla, caderno e lápis

Descrição das etapas

- **Etapa 1**

Leia com os alunos as regras do jogo e verifique se entenderam como jogar. Depois que decidirem a ordem de cada dupla, a primeira delas lança o dado e verifica qual peça retirar da mesa para colocar no círculo branco. Durante o jogo, a dupla que tirar o número 6 pode também retirar uma peça de seu oponente. É provável que escolham sempre uma peça vermelha ou rosa, pois elas recobrem uma área maior do círculo. Não havendo nenhuma peça para ser retirada, eles perdem a oportunidade de usar o bônus do valor 6. Observe seus alunos durante o jogo. Como escolhem as peças? Que linguagem matemática usam? Percebem a relação entre peças? Anote suas observações para, ao final, discutir o que é preciso em relação a incompreensões e ao uso correto dos nomes das frações. Após o término do jogo, peça aos alunos que digam a formação das peças da dupla vencedora. Anote no quadro o nome de um dos vencedores e a fração correspondente ao seu círculo organizando registros aditivos. Veja exemplos:

$$1 = \frac{2}{4} + \frac{4}{8} \qquad 1 = \frac{1}{2} + \frac{1}{4} + \frac{1}{8} + \frac{1}{9}$$

Esses registros auxiliam o aluno a entender como fazer adição de frações.
A seguir, peça-lhes que montem outras possibilidades utilizando as peças vermelhas e amarelas e anotem no caderno as somas correspondentes.

- **Etapa 2**

Convide os alunos a jogar pela segunda vez e, a seguir, peça que resolvam as atividades. A primeira é bem simples, mas algumas crianças podem precisar do material para solucioná-la. Antes de liberar seu uso, procure alternativas para que realizem o cálculo mentalmente. Você poderá propor o uso do material na etapa de correção da atividade, depois que tiverem explicado como a solucionaram. A atividade 3 requer a observação de outras relações de equivalência. Esperamos que os alunos, inicialmente, sobreponham as peças e anotem as cores. Não deixe de discutir as anotações fracionárias, pois elas garantem que, mais tarde, os alunos operem com frações.

REGRAS

1. Separe as peças brancas, rosas, vermelhas e amarelas dos 2 jogos de frações circulares.
2. Os jogadores colocam sobre a mesa à sua frente seu disco branco para organizar as peças obtidas no lançamento dos dados. As peças coloridas devem ficar no centro da mesa.
3. Decide-se quem iniciará o jogo.
4. Cada jogador, na sua vez, lança o dado. Se o número obtido for par deverá pegar uma peça amarela e colocar em seu disco branco. Se o número obtido for ímpar, deverá pegar uma peça vermelha. Caso saia o número 6, que representa um bônus, além de pegar uma peça rosa, o jogador pode escolher uma peça de seu oponente.
5. O jogo continua sucessivamente alternando os jogadores até que um deles monte um círculo. Se a última peça retirada for maior que o espaço disponível no círculo, o jogador passa a vez.
6. Vence o jogo aquele que formar o círculo inteiro em primeiro lugar.

ATIVIDADES

1. Renato jogava com Matheus e venceu o jogo. Sabendo que ele tirou apenas 2 peças vermelhas, diga que fração de peças amarelas ele tirou.

2. Matheus tinha $\frac{2}{4}$ e $\frac{1}{8}$. Como poderia formar o círculo inteiro?

3. Escolha no material duas outras cores, por exemplo: roxo e azul, amarelo e azul, vermelho e rosa, amarelo e rosa, vermelho e amarelo, preto e rosa.
Forme um círculo com duas cores.
Desenhe o círculo que você fez no caderno e anote as frações que o compõem.

Respostas

1. Ele tirou $\frac{4}{8}$.

2. Poderia formar o círculo todo com $\frac{1}{8}$ e $\frac{1}{4}$, ou 3 peças de $\frac{1}{8}$.

3. Há muitas respostas possíveis, como:
$1 = \frac{1}{2} + \frac{5}{10}$ (peças rosa e pretas)
$1 = \frac{3}{6} + \frac{6}{9}$ (peças roxas e laranja)

5 Maior ou menor que meio?

1º 2º 3º 4º 5º ANO ESCOLAR

Conteúdos
- Significado e representação de números fracionários
- Comparação entre frações

Objetivos
- Identificar frações maiores e menores que $\frac{1}{2}$
- Compor frações equivalentes a $\frac{1}{2}$
- Realizar adições com fração

Recursos
- Um conjunto de frações circulares por quarteto, dois dados comuns, folha para marcar os pontos e lápis

Descrição das etapas

- **Etapa 1**

Leia com os alunos as regras do jogo e verifique se possuem alguma dúvida. Peça-lhes que joguem.

Terminado o jogo, solicite aos alunos que escrevam uma forma de sabermos se uma fração é maior ou menor que meio sem usar o material das peças coloridas. Esperamos que eles digam, por exemplo, que podemos contar quantas peças formam o inteiro e dividir por 2. Nesse caso, se temos dois décimos, eles seriam menores que meio, pois a metade de 10 é 5.

Assim que terminarem seus registros, promova uma troca entre eles para que um colega verifique se há algo a completar ou modificar na explicação do outro. Você pode utilizar esses registros como forma de avaliação do grupo.

- **Etapa 2**

Antes de iniciar o jogo pela segunda vez, solicite aos alunos que escrevam todas as maneiras de formar meio; são elas: $\frac{1}{2}$, $\frac{2}{4}$ e $\frac{3}{6}$. Se for necessário, podem utilizar o material para conferir suas respostas.

Depois, monte com eles uma tabela com todas as frações que podem aparecer no jogo.

Frações circulares | 53

Ela ficará assim:

Meios	$\frac{1}{2}, \frac{2}{2}, \frac{3}{2}, \frac{4}{2}, \frac{5}{2}, \frac{6}{2}$
Terços	$\frac{1}{3}, \frac{2}{3}, \frac{3}{3}, \frac{4}{3}, \frac{5}{3}, \frac{6}{3}$
Quartos	$\frac{1}{4}, \frac{2}{4}, \frac{3}{4}, \frac{4}{4}, \frac{5}{4}, \frac{6}{4}$
Quintos	$\frac{1}{5}, \frac{2}{5}, \frac{3}{5}, \frac{4}{5}, \frac{5}{5}, \frac{6}{5}$
Sextos	$\frac{1}{6}, \frac{2}{6}, \frac{3}{6}, \frac{4}{6}, \frac{5}{6}, \frac{6}{6}$

A seguir, peça aos alunos que, consultando e usando o material, se for o caso, anotem quais frações são maiores que meio e quais são menores que meio.

- **Etapa 3**

Em outro momento, proponha aos alunos que joguem novamente e, depois, com o material em mãos, peça a eles que tentem encontrar diferentes formas de compor $\frac{1}{2}$.

Muitas delas apareceram durante o jogo e podem ser relembradas pelos alunos pesquisando isso em grupos.

Respostas possíveis:

$\frac{1}{2} = \frac{2}{6} + \frac{1}{3}$ $\quad\quad$ $\frac{1}{2} = \frac{1}{4} + \frac{1}{4}$ $\quad\quad$ $\frac{1}{2} = \frac{1}{6} + \frac{2}{6}$

fique atento!

É importante garantir que haja uma variedade de formas ao trabalhar com representação de fração para que não a associem apenas ao círculo. A partir desta atividade, sugerimos que você apresente outros modelos de inteiros, como retângulos, triângulos, quadrados, octógonos, entre outros, e solicite aos alunos que pintem determinadas frações, especialmente meio.

REGRAS

1. Coloque sobre a mesa as peças do material.
2. Decide-se quem iniciará o jogo.
3. O primeiro jogador lança um dos dados para saber que tipo de peça irá retirar: 2 representa meio, 3 representa terço, e assim por diante. Saindo o número 1, ele pega a peça que quiser; esse é um coringa do jogo.
4. Depois lança o segundo dado e retira a quantidade de peças indicada pela numeração: 1 – uma peça; 2 – duas peças, e assim por diante.
5. Se o resultado for maior que meio, ele passa a vez; se for menor que meio, ele pode escolher: ou marca 1 ponto, ou tenta completar $\dfrac{1}{2}$ e, se conseguir, marca 5 pontos. Para completar $\dfrac{1}{2}$ ele pode escolher mais uma peça entre todas que estiverem na mesa.
6. Vence quem marcar 10 pontos primeiro.

Montando frações equivalentes II

6 | 1° 2° 3° **4° 5°** ANO ESCOLAR

Conteúdos
- Significado e representação de números fracionários
- Comparação e adição de frações
- Frações equivalentes

Dupla contra dupla

Objetivos
- Compor frações equivalentes utilizando terços, sextos e doze avos
- Realizar somas com fração

Recursos
- Um conjunto de frações circulares por dupla, um dado comum, caderno e lápis

Descrição das etapas

- **Etapa 1**

Leia com os alunos as regras do jogo e verifique se possuem alguma dúvida. Observe seus alunos enquanto estiverem jogando.

Terminado o jogo, peça aos alunos que anotem no caderno as diferentes formas de compor o inteiro usando escritas aditivas e multiplicativas, como:

$$1 = 3 \times \frac{1}{3} \qquad 1 = \frac{1}{3} + \frac{1}{3} + \frac{1}{3}$$

$$1 = 2 \times \frac{1}{6} + 2 \times \frac{1}{3}, \text{ ou seja, } \frac{2}{6} + \frac{2}{3} = 1$$

$1 = \frac{6}{12} + \frac{3}{6}$; explique aos alunos que, neste caso, $\frac{6}{12} = \frac{1}{2}$ e que $\frac{3}{6} = \frac{1}{2}$.

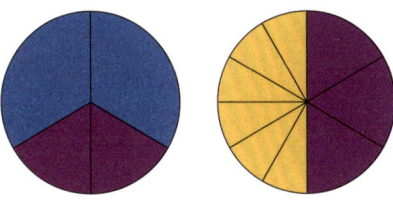

Os alunos devem registrar no caderno todas as igualdades descobertas durante o jogo e desenhar cada situação.

Frações circulares | 57

- **Etapa 2**

Os alunos devem jogar novamente. Depois do jogo, desafie-os a encontrar diferentes formas para se obter as frações a seguir com as peças do material frações circulares.
Divida o quadro em quatro partes e coloque uma destas frações em cada uma delas:

$$\frac{1}{2} \qquad \frac{1}{3} \qquad \frac{1}{6} \qquad \frac{2}{3}$$

À medida que os alunos forem encontrando formas para representar essas frações, deverão escrevê-las no quadro, usando escritas em frações, adições ou multiplicações. Algumas possibilidades são:

$$\frac{1}{2} = \frac{3}{6} = \frac{6}{12} \qquad \frac{6}{12} = 2 \times \frac{1}{6} = \frac{1}{12} + \frac{1}{12} + \frac{1}{12} + \frac{1}{12} = \frac{2}{6} = \frac{4}{12}$$

$$\frac{1}{6} + \frac{2}{12}$$

Discuta as discordâncias entre os grupos, pedindo que os alunos expliquem até se convencerem da forma correta. Evite dar a resposta, para que os alunos passem cada vez mais a confiar em suas próprias formas de pensar.

- **Etapa 3**

Depois dessa sequência de atividades, sistematize o significado de frações equivalentes, ou seja, duas representações diferentes para a mesma quantidade fracionária.

REGRAS

1. Separe as peças brancas, azuis e rosa dos dois conjuntos de frações circulares.
2. Os jogadores colocam seu disco branco sobre a mesa para organizar as peças obtidas no lançamento do dado. As peças azuis, amarelas e roxas deverão ficar no centro da mesa.
3. Decide-se qual dupla iniciará o jogo.
4. Cada dupla, na sua vez, lança o dado. Se o número obtido for par, deverá pegar uma peça amarela e colocar em seu disco branco. Se o número obtido for ímpar, deverá pegar uma peça roxa. Caso saia o número 1, que representa um bônus, poderá pegar uma peça azul, desde que ela caiba em seu círculo sem sobrepor as demais peças. Se não couber corretamente, a dupla passa a vez.
5. O jogo continua sucessivamente, alternando as duplas, até que uma delas monte um círculo. Se a última peça retirada for maior que o espaço disponível no círculo, a dupla passa a vez.
6. Vence o jogo a dupla que formar o círculo inteiro em primeiro lugar.

1° 2° 3° **4° 5°** ANO ESCOLAR

7 Composição de frações

Conteúdos
- Composição de frações
- Adição e multiplicação de frações
- Frações equivalentes

Objetivos
- Compor diferentes escritas fracionárias
- Realizar adições e multiplicações de frações
- Conhecer frações equivalentes a terços, sextos e doze avos

Recursos
- Um conjunto de frações circulares por dupla, caderno, lápis, lápis de cor e folha de atividades da p. 61

Descrição das etapas

Antes desta sequência de atividades, é interessante que sejam trabalhadas as sequências "Maior ou menor que meio?" e "Montando frações equivalentes I e II", pois elas favorecem os alunos na realização das atividades aqui propostas, podendo, assim, produzir registros que organizam seu conhecimento sobre frações e equivalência de frações.

- **Etapa 1**

Inicie a atividade 1 fazendo a leitura para os alunos. Depois, peça que selecionem as peças que representam as frações indicadas, ou seja, $\frac{1}{12}$, $\frac{1}{3}$ e $\frac{1}{6}$. A seguir, eles deverão sobrepor as peças e compará-las, anotando as respostas observadas. Espera-se que os alunos observem que, quanto maior o denominador, menor é a fração. Isso ocorre porque o denominador representa em quantas partes o inteiro foi dividido; quanto maior é o número de partes, menor é cada parte. Aproveite para retomar registros que os alunos tenham sobre frações, para que eles os complementem explicando a função do denominador e a do numerador.

- **Etapa 2**

Proponha as atividades 2 e 3.
Inicialmente, os alunos são convidados a fazer composição de frações que formem $\frac{9}{12}$.

Primeiramente, utilizam-se apenas as peças amarelas; o objetivo é fazer com que elaborem escritas aditivas e multiplicativas para representá-las. Assim que montarem $\frac{9}{12}$ com as peças amarelas, solicite aos alunos que anotem diferentes composições desse número. Algumas dessas escritas são:

$$\frac{9}{12} = \frac{1}{12} + \frac{1}{12} + \frac{1}{12} + \frac{1}{12} + \frac{1}{12} + \frac{1}{12} + \frac{1}{12} + \frac{1}{12} + \frac{1}{12}$$

$$\frac{9}{12} = \frac{4}{12} + \frac{4}{12} + \frac{1}{12}$$

$$\frac{9}{12} = \frac{2}{12} + \frac{2}{12} + \frac{2}{12} + \frac{2}{12} + \frac{1}{12}$$

$$\frac{9}{12} = \frac{6}{12} + \frac{3}{12} \qquad \frac{9}{12} = 9 \times \frac{1}{12} \qquad \frac{9}{12} = 6 \times \frac{1}{12} + 3 \times \frac{1}{12}$$

A seguir, peça a eles que façam as trocas usando peças roxas, azuis e amarelas na composição de $\frac{9}{12}$.

Veja alguns exemplos de registro:

$$\frac{9}{12} = \frac{3}{6} + \frac{3}{12} \qquad \frac{9}{12} = \frac{2}{6} + \frac{1}{3} + \frac{1}{12} \qquad \frac{9}{12} = \frac{1}{2} + \frac{3}{12}$$

A fração $\frac{1}{2}$ pode surgir da observação entre $\frac{6}{12}$ e $\frac{3}{6}$.

Na atividade 3, os alunos devem compor $\frac{2}{3}$. Nesse caso, espera-se que façam registros, como:

$$\frac{2}{3} = \frac{3}{6} + \frac{2}{12} \qquad \frac{2}{3} = \frac{1}{3} + \frac{2}{12} + \frac{1}{16}$$

$$\frac{2}{3} = \frac{2}{6} + \frac{4}{12} \qquad \frac{2}{3} = 3 \times \frac{1}{6} + 2 \times \frac{1}{12}$$

- **Etapa 3**

Finalize com a proposta de produção de texto em cada grupo sobre o que eles já sabiam e o que aprenderam sobre frações equivalentes com esta sequência de atividades.

Terminado o trabalho nos grupos, coloque um dos textos no quadro e peça aos outros que o complementem. Se for preciso, promova a reescrita desse texto para que ele sirva de modelo para que os outros grupos façam os acertos necessários em seus próprios textos. Utilize essa produção como instrumento de avaliação das aprendizagens de seus alunos.

ATIVIDADES

1. Compare as peças azuis, roxas e amarelas do material de frações circulares. Pegue-as e responda no caderno.

   a) O que é maior: $\dfrac{1}{3}$ ou $\dfrac{1}{6}$?

   b) O que é maior: $\dfrac{1}{12}$ ou $\dfrac{1}{6}$?

   c) O que é maior: $\dfrac{1}{3}$ ou $\dfrac{1}{12}$?

   d) Anote no caderno o que você observou comparando essas peças. Exemplifique sua resposta com desenhos.

2. a) Pegue as peças amarelas do material e monte $\dfrac{9}{12}$.

   b) Agora, substitua algumas peças amarelas por peças azuis e roxas. Anote, no caderno, diferentes frações equivalentes a $\dfrac{9}{12}$.

   > Frações equivalentes são aquelas que representam a mesma quantidade fracionária, mas são escritas de formas diferentes, como $\dfrac{1}{2}$ e $\dfrac{2}{4}$.
   >
   > $$\dfrac{1}{2} = \dfrac{2}{4}$$

3. a) Pegue as peças azuis e monte $\dfrac{2}{3}$.

   b) Agora, substitua algumas peças por peças amarelas e roxas. Anote no caderno diferentes frações equivalentes a $\dfrac{2}{3}$.

1° 2° 3° **4° 5°** ANO ESCOLAR

8 Círculos coloridos e números decimais

Conteúdos
- Significados e representações de números fracionários
- Frações equivalentes
- Números decimais

Objetivos
- Relacionar as peças do material às frações que elas representam
- Relacionar frações a suas escritas decimais pela equivalência

Recursos
- Um conjunto de frações circulares por dupla, caderno e lápis

Descrição das etapas

- **Etapa 1**

Esta etapa prevê a realização da atividade 1. Após a leitura da atividade, peça a cada dupla que discuta eventuais dificuldades de compreensão, para que os alunos possam realizar a atividade com autonomia.

Ao terminar cada uma das montagens, os alunos devem fazer um registro no caderno explicando se foi possível ou não recobrir as peças com peças pretas e quais relações perceberam entre elas.

Ao final, registre no quadro as conclusões dos alunos. Espera-se que percebam que apenas 4 peças podem ser recobertas com um número inteiro de peças pretas.

$$1 = \frac{10}{10}$$

$$\frac{1}{2} = 0{,}5$$

$$\frac{1}{5} = 0{,}2$$

$$\frac{1}{10} = 0{,}1$$

Dependendo da familiaridade que seus alunos tenham com os números decimais, é possível desafiá-los, perguntando: "Se $\frac{1}{4}$ é a metade de $\frac{1}{2}$ e $\frac{1}{2}$ é igual a 0,5, qual deve ser a escrita decimal de $\frac{1}{4}$?".

A resposta esperada é que a escrita decimal de $\frac{1}{4}$ deve ser 0,25, que é a metade de 0,5.

- **Etapa 2**

Proponha que, em duplas, os alunos realizem a atividade 2.

Observe seus alunos durante a realização da atividade. Registre suas falas e incompreensões, para depois intervir adequadamente.

ATIVIDADES

1. a) Separe uma peça de cada cor e pesquise quais delas podem ser recobertas apenas com peças pretas, de décimos.
   b) Escreva no caderno, na forma de frações, as peças que você e seu colega de dupla conseguiram recobrir com décimos. Por exemplo: O disco branco pode ser recoberto com 10 peças pretas: $1 = \frac{10}{10}$.
   c) A fração $\frac{1}{10}$ possui outra forma de ser escrita, que é sua representação decimal; escreve-se assim: $\frac{1}{10} = 0{,}1$.

   Volte às frações que você recobriu com décimos no item **b** e as reescreva usando a escrita decimal.

2. Represente as seguintes frações com as peças das frações circulares. Recubra-as com as peças pretas e, depois, escreva no caderno a forma decimal de cada uma delas:

$$\frac{2}{5} \qquad \frac{3}{5} \qquad \frac{4}{5}$$

Respostas

2. $\frac{2}{5} = 0{,}4 \qquad \frac{3}{5} = 0{,}6 \qquad \frac{4}{5} = 0{,}8$

1° 2° 3° **4° 5°** ANO ESCOLAR

9 Frações de quantidades

Conteúdos
- Significados e representações de números fracionários
- Frações de quantidades

Objetivos
- Calcular fração de quantidades
- Resolver situações-problema

Recursos
- Um conjunto de frações circulares por aluno, caderno e lápis

Descrição das etapas

Inicialmente, com toda a classe tendo em mãos o material das frações circulares, relembre o significado de $\frac{1}{2}$, $\frac{1}{4}$, $\frac{2}{3}$, $\frac{4}{5}$, $\frac{3}{8}$ e outras. Enfatize que cada fração corresponde a uma parte de um inteiro, no caso o disco inteiro, que foi dividido em partes iguais, sendo que o numerador representa a quantidade de partes iguais a serem consideradas do inteiro dividido em metades, quartos, ...

A seguir, apresente aos alunos o seguinte problema:
Uma classe tem 30 alunos. Metade deles deve ir à biblioteca fazer uma pesquisa e a outra metade ao laboratório de Informática. Como organizar esses alunos?
Certamente, eles dirão que 15 alunos devem ir para cada uma dessas atividades.
Sistematize o que eles fizeram usando os discos rosa de metades:

A classe com 30 alunos é o inteiro; calcular metade da classe é calcular $\frac{1}{2}$ de 30, ou seja, dividir 30 em duas partes iguais.

Frações circulares | 65

Assegure-se de que os alunos entenderam a resolução desse problema e proponha um novo questionamento:

Nessa mesma classe com 30 alunos, dois terços deles trouxeram o material para a aula de Artes e os outros não. Quantos alunos trouxeram o material?

Dê um tempo para que os alunos busquem a resolução e peça que expliquem usando os discos azuis do material.

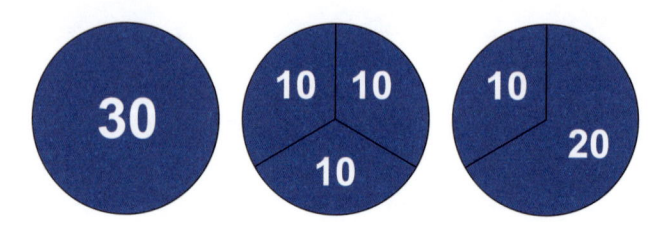

O inteiro vale 30.

$\frac{1}{3}$ de 30 é 10; $\frac{2}{3}$ de 30 são 20.

Organize a classe em duplas e peça aos alunos que realizem as atividades. Circule pela classe para avaliar o entendimento deles. Evite dar regras, pois espera-se que ao final eles concluam que, para se calcular a fração de uma quantidade, basta dividir o valor pelo denominador e multiplicar o resultado pelo numerador da fração. Mas isso só deve ser feito após a correção coletiva das atividades e a apresentação dos alunos do texto feito na atividade 2.

Respostas

1. a) 8; 4; 12; 40; 20; 60; 60; 30; 90
   b) 12; 15; 40; 28

ATIVIDADES

1. a) Use os discos rosa (metades) e vermelhos (quartos) para calcular:

$\dfrac{1}{2}$ de 16 $\dfrac{1}{4}$ de 16 $\dfrac{3}{4}$ de 16

$\dfrac{1}{2}$ de 80 $\dfrac{1}{4}$ de 80 $\dfrac{3}{4}$ de 80

$\dfrac{1}{2}$ de 120 $\dfrac{1}{4}$ de 120 $\dfrac{3}{4}$ de 120

b) Use os discos que precisar para calcular:

$\dfrac{2}{3}$ de 18 $\dfrac{3}{5}$ de 25 $\dfrac{4}{9}$ de 90 $\dfrac{7}{10}$ de 40

2. Mariana descobriu um jeito para calcular frações de uma quantidade: "Para calcular $\dfrac{2}{5}$ de 40, primeiro eu calculo $\dfrac{1}{5}$ de 40, e para isso divido 40 por 5 e acho 8. Depois eu acho os $\dfrac{2}{5}$ de 40 multiplicando 8 por 2. Pronto! $\dfrac{2}{5}$ de 40 são 16".

Converse com seu colega de dupla e vejam se vocês concordam com o jeito como Mariana calcula.

No caderno, tentem escrever uma regra para calcular frações de quantidades e registrem um exemplo diferente dos que apareceram para mostrar que a regra de vocês funciona.

Mosaico

O mosaico é um conjunto de figuras planas coloridas que possuem várias relações umas com as outras.

Com forte apelo estético, as cores e o equilíbrio das formas tornam esse material muito atrativo e instigante para os alunos. Assim que as peças são apresentadas, é muito comum que, pela manipulação livre, os alunos percebam algumas relações entre elas e busquem compor novas figuras, quase sempre buscando algum padrão estético de repetição das formas e cores.

Esse material pode ser usado apenas como um quebra-cabeça para a composição de novas figuras ou pode ser apoio para outros objetivos relacionados à geometria das formas ou a propriedades de números.

No caso específico desse material, se consideramos a peça maior – o hexágono – como o inteiro, as demais peças passam a corresponder a frações dessa peça. As relações entre as peças podem corresponder a comparação, equivalência, adição ou subtração de frações, desde que as atividades orientem a reflexão nessa direção.

No âmbito geométrico, as primeiras atividades com figuras planas podem ser feitas com esse material, pois, por seu aspecto estético, ele encanta quem o manipula e, na etapa inicial de exploração, os alunos podem conhecer os nomes das figuras que serão trabalhadas em diversos momentos da escolaridade.

Esse material pode ser usado para a formação de outras figuras, ampliando as que os alunos conseguem identificar e nomear. As habilidades de perceber e realizar a composição ou decomposição de figuras, essenciais para compreender os conceitos de fração e de área, podem ser desenvolvidas nas atividades com o mosaico.

No entanto, a principal característica desse material é permitir a formação de mosaicos, ou seja, de recobrimentos do plano por padrões formados com as peças – padrões que se repetem seguindo alguma regra lógica. Nesse tipo de atividade, o aluno deve analisar relações entre lados e ângulos das figuras para que o mosaico possa ser construído.

Mosaico formado por meio da repetição de padrões.

O uso do mosaico como recurso para apoiar a aprendizagem do conceito de frações e do significado de equivalências entre frações, assim como do conceito de área, também pode se iniciar com atividades envolvendo a manipulação das peças do mosaico a partir do 4º ano do Ensino Fundamental.

O material

As peças que compõem o mosaico são:

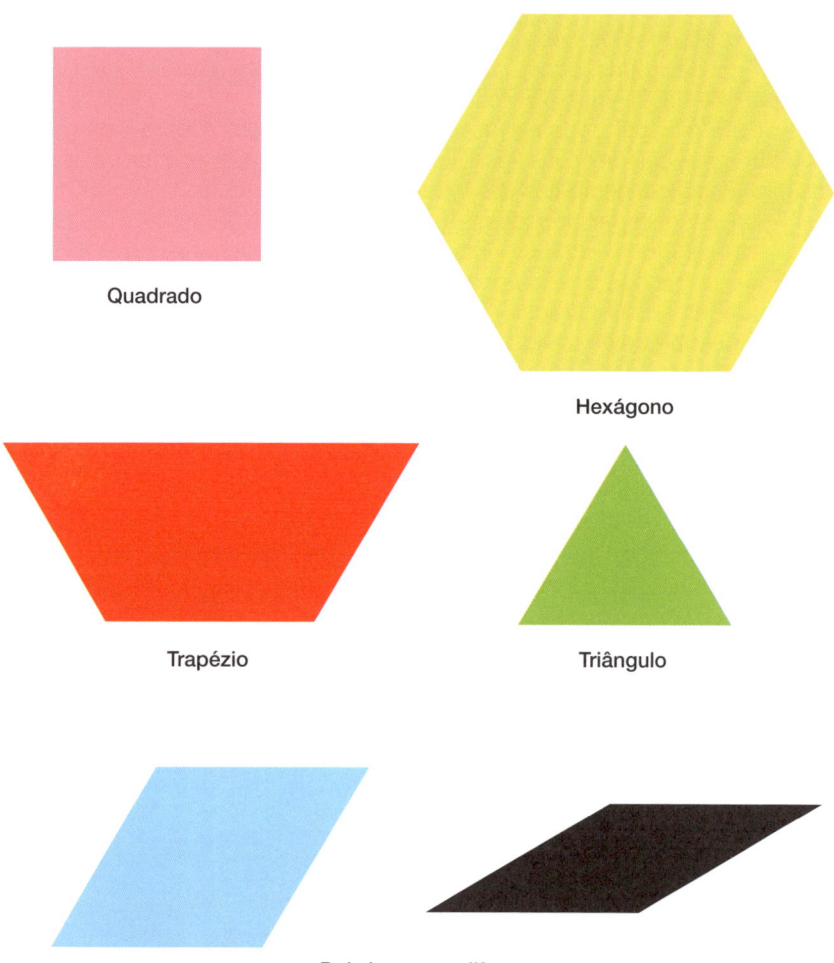

Quadrado

Hexágono

Trapézio

Triângulo

Dois losangos diferentes

Essas peças podem ser encontradas à venda em *kits* comerciais, produzidas em EVA, mas podem ser feitas por você e seus alunos, reproduzindo as peças que se encontram no capítulo 4 e colando-as em papel mais grosso, como papel-cartão ou cartolina, antes de serem recortadas.

Peças feitas de EVA.

O material completo é composto de:
- 6 hexágonos;
- 10 trapézios;
- 16 quadrados;
- 15 losangos maiores;
- 15 losangos menores e mais alongados;
- 20 triângulos.

Se você desejar utilizar outro material, ou ainda montar as formas no computador e imprimir em papel mais grosso, é importante conhecer a relação que deve ser mantida entre as peças.

Escolhido o tamanho do hexágono, o trapézio corresponde à metade do hexágono; o triângulo é equilátero e corresponde a um sexto do hexágono.

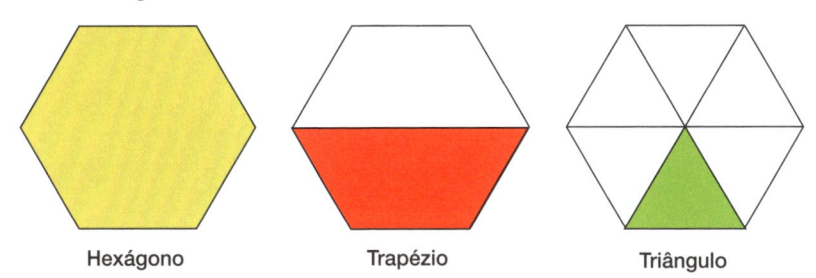

| Hexágono | Trapézio | Triângulo |

O losango maior equivale a 2 triângulos; logo, corresponde a um terço do hexágono.

O quadrado tem a medida do lado igual à medida do lado do hexágono; portanto, quadrado e hexágono têm lados com a mesma medida dos lados do triângulo e do losango maior.

Finalmente, o losango menor tem a mesma medida de lado que o losango maior, o quadrado, o triângulo e o hexágono, mas tem o ângulo menor igual à metade do ângulo do losango maior. Como o ângulo do losango maior mede 60°, o ângulo menor do pequeno losango mede 30°. Para essa última construção você precisará de um transferidor ou de um esquadro.

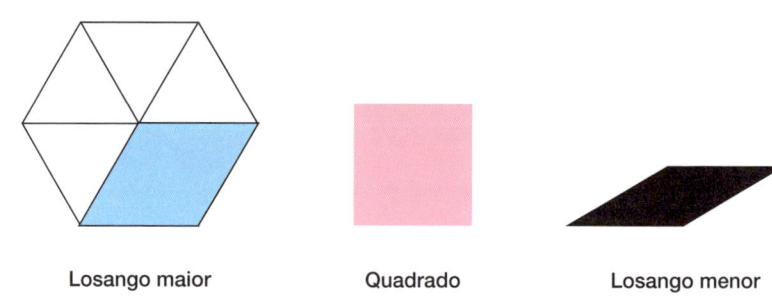

Losango maior   Quadrado   Losango menor

1° 2° 3° 4° 5° ANO ESCOLAR

1 Partes de um hexágono

Conteúdo
- Frações de unidades contínuas

Objetivos
- Representar frações como parte de um todo
- Comparar frações
- Compreender frações equivalentes

Recursos
- Um mosaico completo por aluno, lápis, folha de papel branca e folha de atividades da p. 75

Descrição das etapas

- **Etapa 1**

Distribua as peças do mosaico e proponha a atividade 1, que se encontra mais à frente, no item "Atividades".

Para os alunos que já fizeram outros trabalhos envolvendo peças do mosaico, é possível propor diretamente a atividade 1. Fique atento se todos compreendem o que é recobrir. Caso sua classe não conheça esse material, deixe-os manipular as peças por um tempo e verifique se sabem nomear cada uma delas.

Cada aluno deverá registrar no caderno suas respostas. Peça-lhes que escrevam em forma de tópicos, colocando o título da atividade e respostas completas, por exemplo:

"São necessários 6 triângulos para recobrir um hexágono e cada triângulo representa $\frac{1}{6}$ desse hexágono".

- **Etapa 2**

Solicite aos alunos que façam a atividade 2 usando as peças do mosaico para montar os hexágonos, registrando esse desenho na folha em branco e justificando as correções. Para desenhar as peças, os alunos podem sobrepor sobre a folha em branco e contornar as peças com lápis. O desenho pode ser aperfeiçoado com o uso de régua.

Enquanto os alunos estiverem realizando a atividade, procure observar se lembram as noções de fração, se sabem o que expressa um número fracionário e que dificuldades aparecem com mais frequência. Tais observações serão úteis para você planejar a melhor forma de continuar esse trabalho, direcionando suas opções para atender às necessidades de seus alunos.

> **fique atento!**
>
> Na atividade 1, o foco é a escrita fracionária de partes de um todo, neste caso, o hexágono. Na atividade 2, as escritas já estão estabelecidas e são mais elaboradas; agora, o que se espera, é a composição do hexágono com as peças e a correção das escritas propostas.
> É importante que os alunos manipulem as peças. Observe se todos estão acompanhando as discussões coletivas durante a correção das atividades.

- **Etapa 3**

Terminadas as atividades, continue a exploração das peças com novas perguntas e sem deixar de registrar as respostas. Escreva no quadro o título "Partes de um trapézio", ou seja, troque o todo e peça aos alunos que verifiquem quantos triângulos são necessários para recobri-lo, qual a fração que corresponde a 1 triângulo do trapézio. Compare essa questão com a referente ao hexágono e continue a discussão: "Por que dissemos que 1 triângulo é $\frac{1}{6}$ do hexágono e agora ele representa $\frac{1}{3}$ do trapézio? O que mudou e o que permaneceu?".

Com o título "Partes de um losango", faça as mesmas explorações sugeridas anteriormente.

Respostas

1. a) 6 triângulos, $\frac{1}{6}$

   b) 3 losangos, $\frac{1}{3}$

   c) 2 trapézios, $\frac{1}{2}$

2.

Peças usadas para formar cada hexágono	Frações correspondentes		
	Triângulos	Losangos	Trapézios
1 trapézio e 3 triângulos	$\frac{3}{6}$	–	$\frac{1}{2}$
1 trapézio, 1 losango e 1 triângulo	$\frac{1}{6}$	$\frac{1}{3}$	$\frac{1}{2}$
2 losangos e 2 triângulos	$\frac{2}{6}$	$\frac{2}{3}$	–
1 losango e 4 triângulos	$\frac{4}{6}$	$\frac{1}{3}$	–

ATIVIDADES

1. Recubra um hexágono usando:
   a) apenas triângulos.
      • Quantos triângulos são necessários?
      • Que fração do hexágono cada triângulo representa?
   b) apenas losangos.
      • Quantos losangos são necessários?
      • Que fração do hexágono cada losango representa?
   c) apenas trapézios.
      • Quantos trapézios são necessários?
      • Que fração do hexágono cada trapézio representa?

2. Gabriela misturou as peças do mosaico e recobriu o hexágono de diversas maneiras. Depois, representou essas peças em forma de fração. Corrija as respostas de Gabriela montando os hexágonos com as peças correspondentes e verificando se as frações estão corretas.

Peças usadas para formar cada hexágono	Frações correspondentes		
	Triângulos	Losangos	Trapézios
1 trapézio e 3 triângulos	$\frac{4}{6}$	–	$\frac{1}{2}$
1 trapézio, 1 losango e 1 triângulo	$\frac{1}{6}$	$\frac{1}{6}$	$\frac{1}{2}$
2 losangos e 2 triângulos	$\frac{2}{6}$	$\frac{2}{3}$	–
1 losango e 4 triângulos	$\frac{4}{6}$	$\frac{1}{3}$	–

1º 2º 3º **4º 5º** ANO ESCOLAR

2 Descubra a fração

Conteúdo
- Frações de unidades contínuas

Objetivos
- Representar frações como parte de um todo dividido em partes iguais
- Construir um modelo contínuo para representar frações
- Compreender frações equivalentes

Recursos
- Um mosaico completo por dupla, lápis, folha de papel branca e folha de atividades da p. 79

Descrição das etapas

Esta sequência de atividades levará os alunos a compreender fração como parte de um todo dividido em partes iguais, mas é necessário que eles já conheçam a escrita fracionária.

- **Etapa 1**

Distribua as peças do mosaico. Proponha aos alunos que façam a atividade 1 pedindo que leiam e contem o que compreenderam sobre o enunciado. Peça a eles que peguem o hexágono do mosaico e incentive-os a usar as peças para montar as figuras e tirar conclusões.

As duas primeiras figuras estão decompostas em triângulos. Durante a correção, questione: "Por que usar apenas triângulos? Poderíamos usar um losango e um triângulo para decompor em 2 partes o trapézio (primeira figura) e dizer que cada parte representa $\frac{1}{2}$?".

Conduza essa problematização de modo que o aluno perceba que as partes de uma fração são sempre do mesmo tamanho e é o denominador de uma fração que indica esse tamanho. Assim, na fração $\frac{1}{2}$ o denominador indica uma divisão em 2 partes iguais sem nenhum resto.

Registre as conclusões do grupo.
As demais formas são mais elaboradas; o aluno precisa decidir que peça colocar.
Observe como decidem e peça que contem para a classe como determinaram cada peça. Haverá os que usam sempre triângulos; pergunte a esses se não há outra peça que também sirva para recobrir a figura. Nesse caso, muda a representação fracionária?

Depois de discutir a atividade 1, proponha aos alunos que façam a atividade 2. Socialize as respostas desenhando as diferentes soluções.

- **Etapa 2**

Distribua as peças do mosaico e escreva as seguintes afirmações no quadro:

a) $\dfrac{1}{2} = \dfrac{3}{6}$ b) $\dfrac{1}{3} = \dfrac{2}{6}$ c) $\dfrac{2}{3} = \dfrac{4}{6}$

A tarefa de seus alunos é convencer uma pessoa, usando as peças do mosaico, que essas afirmações são verdadeiras. Incentive essa tarefa, pedindo-lhes que expliquem com detalhes, dizendo que podem usar desenhos, pois se trata de uma pessoa que acha um absurdo representar metade de uma figura de maneiras diferentes. Essa produção é bom instrumento de avaliação; aproveite para diagnosticar o que seus alunos já sabem sobre frações e em que é preciso investir.

Respostas

1. a) $\dfrac{1}{2}$ ou $\dfrac{3}{6}$
   b) $\dfrac{1}{3}$ ou $\dfrac{2}{6}$
   c) $\dfrac{5}{6}$
   d) $\dfrac{2}{3}$ ou $\dfrac{4}{6}$
   e) $\dfrac{2}{3}$ ou $\dfrac{4}{6}$
   f) $\dfrac{2}{3}$ ou $\dfrac{4}{6}$

2. a) 1 losango ou 2 triângulos
   b) 1 trapézio e 1 triângulo ou 4 triângulos ou 2 losangos
   c) 1 trapézio ou 3 triângulos ou 1 losango e 1 triângulo

ATIVIDADES

1. Esta figura representa $\frac{4}{6}$ do hexágono:

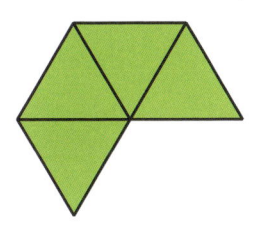

Que fração do hexágono representa cada uma das formas a seguir?

a)

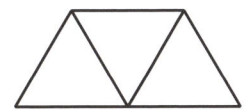

b)

c)

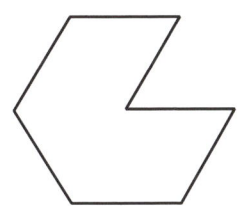

d)

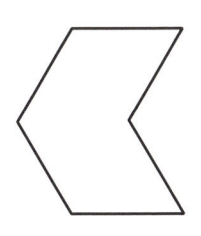

e)

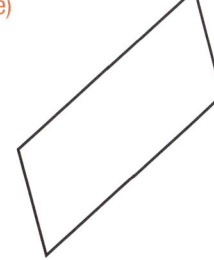

f)

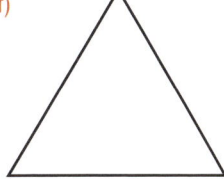

2. Use as peças do mosaico para construir figuras diferentes da atividade 1 que representem as seguintes frações do hexágono:

a) $\frac{2}{6}$ b) $\frac{4}{6}$ c) $\frac{3}{6}$

Mosaico | 79

3 Sequências

1° 2° 3° **4°** 5° ANO ESCOLAR

Conteúdo
- Frações de unidades contínuas

Objetivos
- Representar frações como parte de um todo
- Compreender a ideia de frações como divisão em partes iguais
- Compreender frações equivalentes

Recursos
- Um mosaico completo por aluno, lápis, folha de papel branca e folha de atividades da p. 83

Descrição das etapas

- **Etapa 1**

Distribua as peças do mosaico. Peça aos alunos que realizem esta sequência de atividades registrando as soluções. Antes de propor uma discussão para a atividade 4, deixe-os escolher outras peças e inventar novas sequências em três etapas, como acabaram de fazer nas atividades 1, 2 e 3, colocando as frações correspondentes e registrando na folha em branco. Peça-lhes que não usem o paralelogramo.

Anote no quadro as diferenças e semelhanças que os alunos observaram, verificando se percebem que na primeira figura há 1 triângulo para 1 losango; assim, cada figura representa $\frac{1}{3}$ e $\frac{2}{3}$, respectivamente. Na segunda figura dobramos a quantidade de triângulos e de losangos, também mantendo a proporção.

Provavelmente aparecerão frações como $\frac{2}{6}$, por exemplo, para representar os triângulos da segunda sequência; com as peças do mosaico é possível sobrepor peças e trocar triângulos por losangos de forma que seus alunos percebam a equivalência entre $\frac{1}{3}$ e $\frac{2}{6}$. Faça o mesmo para as respostas das atividades 2 e 3, destacando que a mesma fração pode ser escrita de formas diferentes, mas representam a mesma quantidade para cada figura inteira.

- **Etapa 2**

Em duplas, peça aos alunos que retomem as figuras inventadas por eles e avaliem se as frações escritas estão corretas ou se gostariam de alterar algo. Pergunte se conseguem representar algumas das peças usando dois modos diferentes. Recolha o material e avalie as produções, observando se representam corretamente as frações e o que já compreenderam sobre equivalência.

- **Etapa 3**

Escolha algumas figuras criadas por seus alunos e peça à classe que escreva a fração correspondente. É uma boa forma de validar o trabalho de cada um e de retomar esse conteúdo.

fique atento!

Tome cuidado ao usar a linguagem; os termos corretos são: **numerador** e **denominador** ao se referir ao número de "cima" e ao de "baixo" da fração.

Respostas

1. Triângulo: $\dfrac{1}{3}$ da figura; losango: $\dfrac{2}{3}$ da figura.

2. Triângulo: $\dfrac{2}{6} = \dfrac{1}{3}$ da figura; losango: $\dfrac{4}{6} = \dfrac{2}{3}$ da figura.

3. Triângulo: $\dfrac{4}{12} = \dfrac{1}{3}$ da figura; losango: $\dfrac{8}{12} = \dfrac{2}{3}$ da figura.

ATIVIDADES

1. Observe a figura:

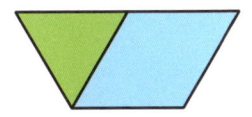

   O triângulo representa $\frac{1}{3}$ da figura. E o losango?

2. Observe a figura:

   Que fração representa cada triângulo e cada losango nessa figura?

3. Modifique a última figura colocando mais 2 triângulos e 2 losangos. Que fração representa cada triângulo e cada losango nessa figura?

4. Observando as três figuras, escreva as semelhanças e diferenças entre elas.

1° 2° 3° **4° 5°** ANO ESCOLAR

4 Frações de uma figura

Conteúdo
- Frações de unidades contínuas

Objetivos
- Representar frações como parte de um todo dividido em partes iguais
- Construir um modelo contínuo para representar frações
- Comparar frações

Recursos
- Um mosaico completo por dupla, lápis e folha de atividades da p. 87

Descrição das etapas

- **Etapa 1**

Distribua as peças do mosaico. Proponha aos alunos que façam a atividade 1. Incentive-os a usar as peças para sobrepor as figuras. Ao usarem as peças, perceberão diferentes maneiras de dividir a mesma figura, o que auxilia no desenvolvimento de habilidades de percepção visual e na construção da ideia de fração como divisão em partes iguais.

Escolha algumas duplas para resolver a atividade 1 antes de propor a atividade 2 porque é importante que os alunos compreendam que 2 triângulos formam 1 losango para conseguirem realizar a segunda parte da atividade.

Peça-lhes, então, que realizem a atividade 2. Espera-se que os alunos encontrem maior dificuldade para recobrir a figura com losangos e trapézios. Problematize, não faça por eles. No caso dos losangos, não é possível recobrir a figura apenas com eles. É preciso usar 11 losangos e 2 triângulos para recobrir toda a figura, mas, como 2 triângulos equivalem em área a um losango, a figura ocupa o mesmo espaço que 12 losangos.

- **Etapa 2**

Explore as conclusões dos alunos feitas na etapa 1 propondo os seguintes problemas para a figura da atividade 2:

1. Que fração da figura inteira corresponde a um hexágono? Resposta: $\frac{1}{4}$.

2. Os 4 triângulos correspondem a qual fração da figura inteira? Resposta: $\frac{4}{24} = \frac{1}{6}$.

3. Os 4 losangos correspondem a qual fração da figura inteira? Resposta: $\frac{4}{12} = \frac{1}{3}$.

4. Que fração da figura inteira é ocupada pelos 2 trapézios? Resposta: $\frac{1}{4}$.

5. A resposta a essa última pergunta já era esperada?

Faça uma pergunta de cada vez; deixe que os alunos pensem sobre elas em duplas e, depois de algum tempo, escolha uma dupla para explicar sua resposta e como pensou para chegar a ela. Esclareça se houver alguma discordância de opiniões.

Quanto à resposta à pergunta 5 acima, espera-se que os alunos respondam que 2 trapézios são o mesmo que 1 hexágono; portanto, a resposta a essa pergunta é a mesma da pergunta 1.

Respostas

1. 3; 2; 3; 2.
2.

Recobrindo só com	Quantidade de peças utilizadas	Qual fração representa cada peça dentro da figura inteira?
triângulos	24	$\frac{1}{24}$
losangos	12	$\frac{1}{12}$
trapézios	8	$\frac{1}{8}$

ATIVIDADES

1. Complete as frases que mostram a comparação entre as peças do mosaico:

   Um trapézio equivale a _____ triângulos.

   Um losango equivale a _____ triângulos.

   Um hexágono equivale a _____ losangos.

   Um hexágono equivale a _____ trapézios.

   > Dizer que uma peça **equivale** a outra ou a outras é dizer que ela ocupa o mesmo espaço ou área.

2. Construa esta figura com as peças do mosaico e, depois, tente recobri-la com diferentes peças. Complete o quadro abaixo e registre sua solução.

Recobrindo só com	Quantidade de peças utilizadas	Qual fração representa cada peça dentro da figura inteira?
triângulos		
losangos		
trapézios		

Mosaico | 87

1° 2° 3° 4° **5°** ANO ESCOLAR

5 Qual é mesmo a fração?

Conteúdo
- Frações impróprias e números mistos

Objetivos
- Representar frações como parte de um todo
- Comparar frações
- Compreender frações impróprias e números mistos

Recursos
- Um mosaico completo por dupla, lápis, caderno, folha de papel branca e folha de atividades da p. 91

Descrição das etapas

- **Etapa 1**

Distribua as peças do mosaico. Antes de solicitar que realizem as atividades, peça aos alunos que peguem o hexágono e diga que ele é a unidade de medida, ou seja, queremos descobrir quantos hexágonos cabem em cada forma. Proponha a eles que inventem mosaicos apenas com hexágonos e digam quantos usaram. Anote as respostas no quadro fazendo com que percebam que números inteiros representam a quantidade de hexágonos. Peça-lhes que montem um mosaico usando 4 hexágonos e meio. Espere um tempo e socialize as respostas. Eles podem usar 4 hexágonos e 1 trapézio, ou 4 hexágonos e 3 triângulos, ou, ainda, 4 hexágonos, 1 losango e 1 triângulo. Desafie-os a escrever como frações o tamanho dos mosaicos usando hexágonos, sendo um hexágono correspondente à quantidade 1.

Ouça as soluções encontradas por eles e faça um fechamento explicando que podemos usar frações e números inteiros para representar quantidades maiores que 1. No mosaico que criaram, dizemos que usamos $4\frac{1}{2}$ hexágonos, ou $4 + \frac{1}{2}$ hexágonos.

Explique que essa representação é uma forma de mostrar quantos hexágonos inteiros temos e quantos pedaços. Diga que podemos representar esse mosaico usando metades de hexágonos; assim, temos 9 metades e representamos como $\frac{9}{2}$. Dê outros exemplos parecidos com esse e, a seguir, peça que realizem as atividades 1 e 2.

Mosaico

- **Etapa 2**

Em uma reta numerada, localize as frações que aparecem nesta atividade.

Peça aos alunos que escrevam, no caderno, as diferenças e semelhanças entre essas frações e as que já conheciam. Socialize com o grupo.

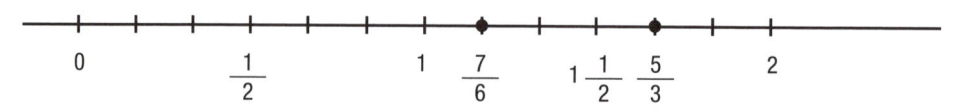

$$0 \qquad \frac{1}{2} \qquad 1 \quad \frac{7}{6} \qquad 1\frac{1}{2} \quad \frac{5}{3} \qquad 2$$

Essa reta numerada pode ser preenchida por você com base nas opiniões dos alunos, ou feita pelas duplas e depois socializadas no coletivo da classe.

fique atento!

Nesta atividade, mais importante que a escrita fracionária é a compreensão de que frações podem expressar quantidades maiores que um inteiro.

Respostas

1. $1\frac{1}{6} = \frac{7}{6}$; $1\frac{2}{6} = \frac{8}{6}$; $1\frac{2}{3} = \frac{5}{3}$; $1\frac{2}{2} = 1 + 1 = 2$

2. Há várias respostas possíveis, algumas delas são:
   a) 1 hexágono e 2 triângulos
   b) 2 trapézios e 1 triângulo
   c) 3 trapézios
   d) 6 losangos e 3 triângulos

ATIVIDADES

1. Se o valor do hexágono é uma unidade, qual é o valor de cada uma das formas?

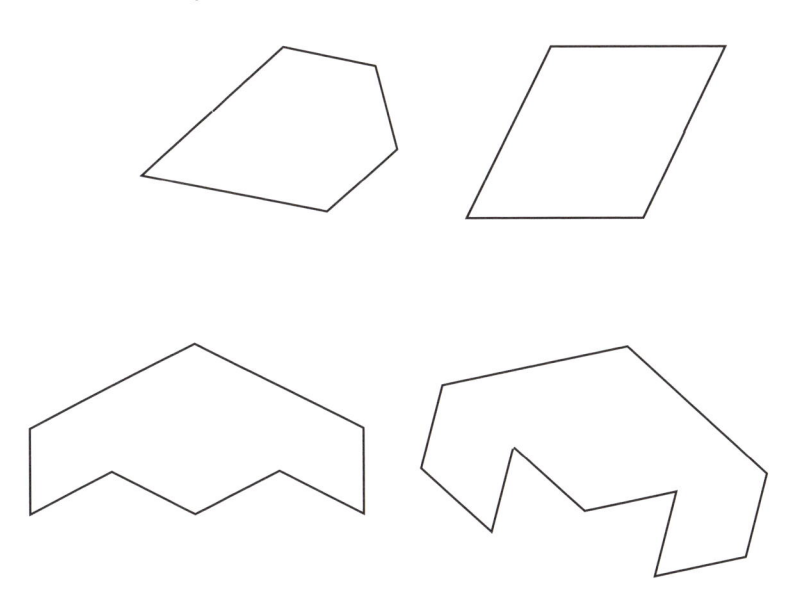

2. Use as peças do mosaico para construir figuras diferentes das da atividade 1 e que representem as seguintes frações do hexágono:

a) $1\dfrac{1}{3}$

b) $\dfrac{7}{6}$

c) $1\dfrac{1}{2}$

d) $2\dfrac{1}{2}$

1° 2° 3° **4° 5°** ANO ESCOLAR

6 Adição com frações

Conteúdo
- Adição de frações

Objetivos
- Compreender a ideia de adição de frações como juntar ou completar
- Representar frações como parte de um todo dividido em partes iguais
- Representar adição de frações com o material

Recursos
- Um mosaico completo por dupla, lápis, caderno e folha de atividades da p. 95

Descrição das etapas

- **Etapa 1**

Distribua as peças do mosaico. Proponha aos alunos que apenas leiam toda a atividade e, antes de resolverem, faça perguntas à classe para ter certeza de que compreenderam o enunciado, por exemplo: "Para quem era o desafio? O primeiro grupo era formado por quem? Saber que o primeiro grupo era formado por meninas é importante? Essa informação altera o que diz o texto?".

Peça às duplas que realizem os 3 itens da atividade incentivando-os a usar as peças do mosaico para representar as situações propostas e fazer outras experimentações.

Para registrar essa sequência, é importante que desenhem as soluções e usem a escrita fracionária.

Corrija a atividade no quadro, encorajando os alunos a darem suas soluções e pedindo que expliquem como chegaram a elas.

Direcione a discussão da resolução do item **b** para que seus alunos percebam diferentes formas de agrupar peças iguais e obter 1 inteiro, e como podemos escrever 1 de diferentes maneiras usando frações, como:

$$\frac{3}{3} = \frac{4}{4} = \frac{6}{6} = 1$$

Escreva essas equivalências em um cartaz, que deve ser exposto na classe para que os alunos possam consultar e acrescentar novas descobertas.

Mosaico | 93

Quando conversar sobre a regra do terceiro grupo, aproveite para pedir que juntem as peças de diferentes formas e registre a escrita fracionária correspondente: $\frac{3}{6} + \frac{2}{6} + \frac{1}{6} = \frac{6}{6} = 1$, por exemplo.

No item **d**, observe se os alunos entendem que cada triângulo do hexágono representa $\frac{1}{6}$ e não $\frac{1}{3}$, e se percebem que 1 trapézio é igual a 3 triângulos; assim, adicionar $\frac{3}{6}$ e $\frac{1}{2}$ é o mesmo que adicionar $\frac{3}{6} + \frac{3}{6}$ ou $\frac{1}{2} + \frac{1}{2}$.

> **fique atento!**
>
> Nesta atividade, o foco não é a resposta de cada adição, mas o processo de adicionar frações, já que o resultado é 1 em todos os casos.

- **Etapa 2**

Retome as anotações da etapa 1.

Cada dupla deverá escrever uma história semelhante à da atividade, acrescentando as descobertas feitas pela classe. Vale colorir, dar nome aos personagens e até inventar um novo grupo.

Aproveite esta atividade para avaliar as aprendizagens e se os alunos usam corretamente os símbolos fracionários e a língua materna.

Respostas

a) Uma possível solução é: 2 losangos formam 1 paralelogramo (que não é do mosaico).

b) Há várias soluções para as figuras; uma delas é: $\frac{1}{3} + \frac{1}{3} + \frac{1}{3} = 1$.

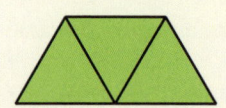

c) A regra que o grupo mostrou é que agrupamos 1 inteiro de diferentes maneiras, sempre dividindo-o em partes iguais.

d) É preciso trocar peças para obter uma divisão em partes iguais em cada figura. No exemplo abaixo, temos de trocar o losango por 2 triângulos; assim:

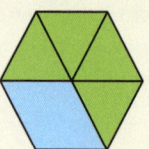

Cada triângulo representa $\frac{1}{6}$ e o losango $\frac{2}{6}$ do hexágono, o que gera as escritas:

$\frac{4}{6} + \frac{2}{6} = \frac{2}{3} + \frac{1}{3} = 1$

ATIVIDADES

Minha professora desafiou a classe a descobrir uma regra para juntar frações. Para vencer esse desafio, a regra era: use apenas as peças do mosaico para convencer a classe de como se deve fazer para saber o resultado da adição de duas frações.
Os alunos se dividiram em grupos e começaram a trabalhar.

a) Um grupo de meninas decidiu mostrar que duas metades se completam. Então, usaram 2 triângulos e mostraram que juntos formam 1 losango; com 2 trapézios formaram 1 hexágono; e assim continuaram juntando sempre 2 peças iguais.

Experimente usar outras peças para mostrar a regra que esse grupo descobriu:

$$\frac{1}{2} + \frac{1}{2} = \frac{2}{2} = 1$$

b) Logo chegou a vez de um trio de alunos contar suas descobertas. Usaram 3 triângulos e formaram 1 trapézio. E continuaram sempre com 3 figuras iguais formando outra.

Desenhe as figuras formadas e escreva a regra que esse grupo descobriu.

c) O próximo grupo estava muito aflito, pois tinha pensado em algo diferente. Desenharam esta figura:

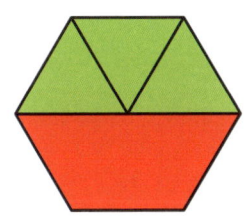

E começaram a explicar: 3 triângulos juntos representam metade do hexágono; assim, para ter um hexágono inteiro, precisamos de 6 triângulos. E escreveram:

$$\frac{1}{6} + \frac{1}{6} + \frac{1}{6} + \frac{1}{6} + \frac{1}{6} + \frac{1}{6} = \frac{6}{6} = 1$$

Depois, mostraram que se juntassem de 2 em 2 também chegariam ao inteiro:

$$\frac{2}{6} + \frac{2}{6} + \frac{2}{6} = \frac{6}{6} = 1$$

Qual foi a regra que eles descobriram?

d) Use as peças e procure descobrir uma regra para formar 1 inteiro juntando peças diferentes, como foi feito com o hexágono no item anterior.

1° 2° 3° **4° 5°** ANO ESCOLAR

7 Quanto falta para...?

Conteúdo
- Adição de frações

Objetivos
- Compreender a ideia de adição de frações como juntar ou completar
- Representar frações como parte de um todo dividido em partes iguais
- Comparar frações
- Compreender frações equivalentes

Recursos
- Um mosaico completo por dupla, lápis, caderno e folha de atividades da p. 99

Descrição das etapas

- **Etapa 1**

Distribua as peças do mosaico. Escolha as duplas seguindo um critério e usando suas observações feitas em outras atividades. Experimente colocar duplas que usam diferentes estratégias de resolução para que possam refletir sobre elas e confrontá-las.
Peça que realizem apenas a atividade 1. Encoraje os alunos a usar as peças ou a pesquisar em seus cadernos anotações que os ajudem a resolver cada situação.
Divida o quadro em seis partes e anote as respostas encontradas nas cinco primeiras, cada uma em uma parte. Use a sexta parte para anotar as semelhanças que a classe encontrou entre as respostas. Haverá muitas semelhanças. Ouça cada uma, deixe-os verbalizarem e cuide da linguagem; mesmo que digam o número "de baixo" e o "de cima" para expressar o numerador e o denominador, ao escrever, use a linguagem correta. Faça perguntas de modo que percebam que em todos os itens as frações juntas resultam 1 inteiro.
Escreva todas as respostas em forma de adição:

a) $\dfrac{2}{6} + \dfrac{4}{6}$

b) $\dfrac{4}{6} + \dfrac{2}{6}$

c) $\dfrac{1}{3} + \dfrac{2}{3}$

d) $\dfrac{2}{3} + \dfrac{1}{3}$ ou $\dfrac{4}{6} + \dfrac{2}{6}$ ou $\dfrac{1}{3} + \dfrac{2}{6} + \dfrac{2}{6}$

e) $\dfrac{5}{6} + \dfrac{1}{6}$ ou $\dfrac{1}{2} + \dfrac{1}{3} + \dfrac{1}{6}$

Mosaico | 97

Caso não apareçam todas essas respostas, questione se podemos escrever a união das peças assim.

Relembre o grupo que 2 triângulos formam 1 losango e peça que observem as questões **a** e **c**, **b** e **d** da atividade 1 e digam o que podemos concluir sobre essas frações. Elas representam a mesma parte do hexágono, por isso são equivalentes. Se já iniciou um cartaz ou tem uma reta numerada na classe, escreva essas frações para que possam ser consultadas.

Termine essa etapa analisando as frações com denominadores diferentes e questionando como podemos adicioná-las.

- **Etapa 2**

É importante que os alunos vivenciem situações envolvendo modelos diferentes para que compreendam que as frações se referem a um todo; por isso, proponha a atividade 2. Nela, o hexágono é parte de um todo, diferentemente da primeira atividade, onde ele era o inteiro.

Espere um tempo para que as duplas resolvam cada item; aproveite para verificar quais dúvidas apresentam, faça perguntas para que confrontem suas hipóteses.

Durante a correção, questione se é possível recobrir esse mosaico com outras peças, quais e quantas são as possibilidades. Anote todas e pergunte qual fração representa cada uma.

No item **f** da atividade 2, peça aos alunos que expliquem como decidiram quais frações adicionar e desafie a classe a responder se os colegas acertaram ou não. Aproveite o momento para observar como eles comparam frações.

Respostas

1. a) $\dfrac{2}{6} + \dfrac{4}{6}$

   b) $\dfrac{4}{6} + \dfrac{2}{6}$

   c) $\dfrac{1}{3} + \dfrac{2}{3}$

   d) $\dfrac{2}{3} + \dfrac{1}{3}$ ou $\dfrac{4}{6} + \dfrac{2}{6}$ ou $\dfrac{1}{3} + \dfrac{2}{6} + \dfrac{2}{6}$

   e) $\dfrac{5}{6} + \dfrac{1}{6}$ ou $\dfrac{1}{2} + \dfrac{1}{3} + \dfrac{1}{6}$

2. a) $\dfrac{1}{22}$

   b) $\dfrac{6}{22}$ ou $\dfrac{3}{11}$

   c) $\dfrac{7}{22}$

   d) $\dfrac{8}{22}$ ou $\dfrac{4}{11}$

   e) Há muitas soluções; uma delas é: 2 hexágonos e 3 triângulos — $\dfrac{12}{22} + \dfrac{3}{22}$

   f) Há muitas soluções.

ATIVIDADES

1. Sempre usando o hexágono, complete as frases conforme o exemplo:

a) Se colocar 2 triângulos para recobrir o hexágono terei preenchido $\frac{2}{6}$; faltam $\frac{4}{6}$ para completá-lo.

b) Se colocar 4 triângulos para recobrir o hexágono terei preenchido _____ ; faltam _____ para completá-lo.

c) Se colocar 1 losango para recobrir o hexágono terei preenchido _____ ; faltam _____ para completá-lo.

d) Se eu colocar 1 losango e 2 triângulos para recobrir o hexágono terei preenchido _____ ; faltam _____ para completá-lo.

e) Se eu colocar 1 losango e 1 trapézio para recobrir o hexágono terei preenchido _____ ; faltam _____ para completá-lo.

2. Use as peças do mosaico e monte um igual a este:

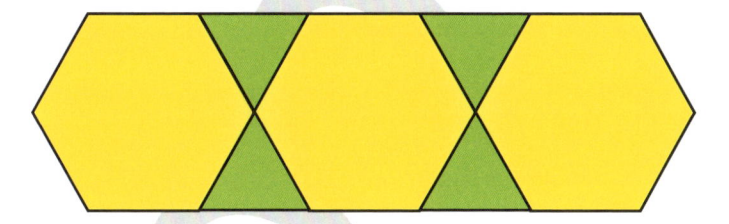

a) Que fração do mosaico cada triângulo representa?

b) Que fração do mosaico cada hexágono representa?

c) Que fração do mosaico representam 1 hexágono e 1 triângulo juntos?

d) E 1 hexágono e 2 triângulos?

e) Quais peças você teria de juntar para obter a fração $\frac{15}{22}$ do mosaico? Escreva uma adição que represente a união dessas peças.

f) Invente uma adição com essas peças de forma que o resultado seja maior que $\frac{1}{2}$ do mosaico inteiro.

1° 2° 3° **4° 5°** ANO ESCOLAR

8 Retirando

Conteúdo
- Subtração de frações

Objetivos
- Representar frações como parte de um todo dividido em partes iguais
- Compreender a ideia de retirar da subtração com números fracionários
- Comparar frações
- Compreender e usar frações equivalentes quando necessário

Recursos
- Um mosaico completo por dupla, lápis, caderno e folha de atividades da p. 103

Descrição das etapas

Estas atividades são mais elaboradas e exigem que o aluno já tenha vivenciado outras envolvendo frações equivalentes.

- **Etapa 1**

Comece a aula relembrando com seus alunos tudo o que sabem sobre frações. Faça uma lista no quadro, colocando tópicos e exemplos do que aprenderam até agora sobre números fracionários. Incentive-os a rever suas anotações no caderno, livro e outros materiais que estiverem disponíveis, por exemplo, cartazes sugeridos em outras atividades com esse material.

Distribua as peças do mosaico. Peça aos alunos que realizem as atividades; verifique se compreenderam os enunciados e tire dúvidas de cada exercício. Ao esclarecer cada dúvida, cuidado para não dar respostas prontas; sugira que revejam alguma atividade; faça perguntas de modo que os alunos possam encontrar a melhor solução.

Antes da correção, observe como seus alunos registram as respostas, como usam a linguagem. Ao se deparar com duas respostas diferentes, mesmo que as duas frações sejam equivalentes e estejam corretas, questione qual dupla está certa. Peça-lhes que argumentem e expliquem como chegaram a esse resultado.

Os itens **a** e **b** da atividade 1 darão pistas para os alunos compreenderem as demais. Veja se percebem que as partes precisam ser iguais e que há mais de uma maneira de registrar uma quantidade. Retirar 2 triângulos é o mesmo que retirar 1 losango; como com 3 losangos também é possível dividir o hexágono em partes iguais, então: $\frac{2}{6} = \frac{1}{3}$.

Para resolver o item **c** da atividade 1, os alunos precisam compreender que 1 é o todo, neste caso, representado pelo hexágono, e que podemos dividi-lo de diversas formas usando frações equivalentes.

Aproveite o momento para avaliar o que aprenderam de frações até agora. Para justificar as afirmações, eles podem resolver e registrar a resolução ou mesmo detalhar usando a linguagem materna. Explicite que, quanto mais eles explicarem como pensaram, mais facilmente você compreenderá como pensam. Corrija individualmente esse item da atividade com foco nos objetivos desta atividade.

Para as outras atividades, faça a correção no quadro, colocando as diferentes soluções ditas pelas duplas e discutindo cada uma delas.

Antes de recolher as atividades, peça aos alunos que revejam os itens que serão corrigidos incentivando-os a analisar seus passos e os modificar, se for necessário.

Respostas

1. a) $\frac{5}{6}$

   b) $\frac{4}{6}$ ou $\frac{2}{3}$

   c) Todas as igualdades estão corretas.
   - Um hexágono e 4 triângulos.
   - Um hexágono e 2 losangos.
   - Um hexágono, um trapézio e um triângulo.

2. a) $\frac{2}{3}$

   b) Experimente questionar o que é metade e veja se percebem que, como já retiramos uma parte, não será mais o trapézio todo que dividiremos na metade.

3. a) Os alunos podem escolher recobrir o mosaico com diversos polígonos; uma solução é o trapézio, e serão retirados 3 trapézios; assim, a fração restante é $\frac{9}{12}$.

   b) Uma solução é recobrir com 18 losangos, para este caso restarão $\frac{14}{18}$ ou $\frac{7}{9}$.

   c) A metade da metade é $\frac{1}{4}$; portanto, resta $\frac{1}{4}$ do mosaico.

ATIVIDADES

1. Construa um hexágono usando 6 triângulos.
   a) Retirando 1 triângulo, que fração do hexágono restou?
   b) Do que restou, retire 2 triângulos. Que fração do hexágono restou?
   c) Observe as três igualdades abaixo e verifique se elas estão corretas. Quais peças do mosaico nos ajudam a justificar cada uma?

   - $1 - \dfrac{4}{6} = \dfrac{1}{3}$

   - $1 - \dfrac{2}{3} = \dfrac{1}{3}$

   - $1 - \dfrac{1}{2} - \dfrac{1}{6} = \dfrac{1}{3}$

2. Construa um trapézio usando 3 triângulos.
   a) Retirando 1 triângulo, que fração do trapézio restou?
   b) Do que restou, retire a metade e explique por que não sobrou a metade do trapézio.

3. O mosaico abaixo foi feito apenas com hexágonos, mas você pode usar outras peças para montá-lo de forma que facilite a resolução das questões.

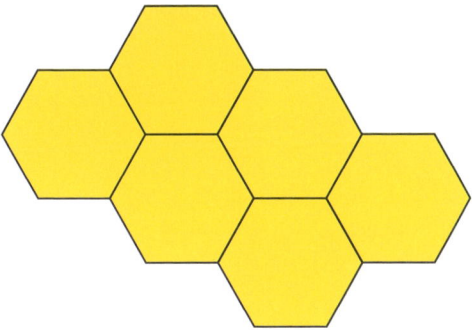

   a) Retirando $\dfrac{1}{4}$ do mosaico, que fração resta?

   b) Retirando $\dfrac{2}{9}$ do mosaico, que fração restará?

   c) Quanto restará se retirarmos a metade da metade do mosaico?

Tangram

O Tangram é um quebra-cabeça chinês de origem milenar, formado pela decomposição de um quadrado em 7 peças: 5 triângulos, 1 quadrado e 1 paralelogramo.

As regras desse jogo consistem em usar as 7 peças na montagem de figuras, colocando as peças lado a lado sem sobreposição.

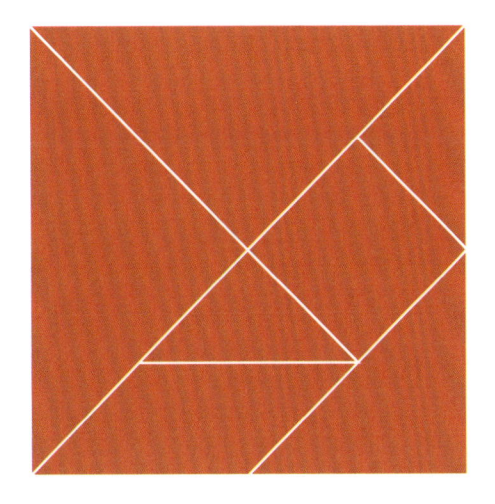

Várias são as lendas e histórias sobre a origem desse quebra-cabeça. Verdadeiras ou não, isso não interfere no lúdico desse material que encanta a todos que o conhecem.

Com apenas essas 7 peças é possível montar cerca de 1 700 figuras entre animais, plantas, pessoas, objetos, letras, números e figuras geométricas, e ele permite ainda a criação de muitas outras figuras.

Nas aulas de matemática, uma das vantagens desse material é a possibilidade de ampliar os tipos de figuras conhecidas pelos alunos. Pela composição das peças, muitas e variadas figuras podem ser formadas, e nesse processo as relações de forma e tamanho são percebidas pelos alunos, permitindo que suas habilidades de percepção espacial se desenvolvam.

Pela composição e decomposição de figuras, os alunos passam a conhecer propriedades das figuras relacionadas a lados e ângulos.

A partir do 4º ano, o Tangram pode ser utilizado para trabalhar a conceituação de frações e operações entre frações, e auxiliar no desenvolvimento do conceito de área.

As atividades iniciais visam à exploração das peças e à identificação de suas formas. Logo depois, passa-se à sobreposição e à construção de figuras dadas com base em uma silhueta. Nesse caso, as habilidades de percepção espacial, em especial a memória visual e a percepção de figuras planas, são solicitadas ao aluno à medida que ele identifica e interpreta o que se pede que ele construa com as peças do Tangram. Durante as atividades, as propriedades das figuras geométricas e da figura que se quer construir são percebidas e exploradas pelo aluno.

É essencial que essa etapa inicial de trabalho seja desenvolvida em qualquer segmento escolar, mesmo com alunos de anos escolares adiantados, pois qualquer atividade mais elaborada requer a familiaridade com o Tangram e as propriedades de suas peças.

Existem muitas versões comerciais do Tangram, em madeira, acrílico ou em EVA. No entanto, esse material pode ser confeccionado pelos alunos com facilidade. Todas as atividades do livro estão disponíveis para *download*, como indicado pelo ícone ao lado. Para baixá-las, em www.grupoa.com.br, acesse a página do livro por meio do campo de busca e clique em Área do Professor. Elas podem ser guardadas em um envelope para serem usadas em várias atividades.

Outra opção é desenhar o molde, usando um *software* que faça desenhos com as formas geométricas básicas, e imprimir o molde em papel-cartão ou outro equivalente. Em seguida, os alunos precisam apenas recortar as peças.

Para construir um Tangram sem o uso do molde, é importante saber a relação entre as peças.

O quadrado inicial deve ter lado com medida entre 8 cm e 12 cm. Os pontos A e B são pontos médios de dois lados, e P é o ponto médio da linha que une A e B. Os pontos M e N são pontos médios de cada uma das metades da diagonal do quadrado.

Existem ainda versões virtuais do Tangram. Nos *sites* de busca, digitando a palavra Tangram, é possível escolher um dos muitos modelos disponíveis e gratuitos para utilizar com seus alunos.

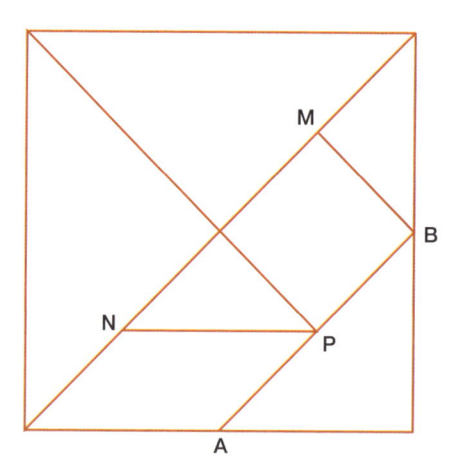

1º 2º 3º **4º 5º** ANO ESCOLAR

Comparando as peças do Tangram

1

Conteúdos
- Fração de um inteiro
- Noção de área

Objetivos
- Utilizar as peças do Tangram como unidades de comparação
- Estabelecer relações de "quantas vezes" ou "quanto" a unidade escolhida para comparação cabe na figura a ser comparada

Recursos
- Um Tangram por aluno e folhas de papel brancas

Descrição das etapas

- **Etapa 1**

Estando os alunos já familiarizados com o material, nomeie as peças para facilitar a comunicação e desenvolver o vocabulário correto para fazer referência às peças: triângulo grande, triângulo médio, triângulo pequeno, quadrado e paralelogramo.

Sugira aos alunos que observem as peças do Tangram e respondam às seguintes perguntas, uma de cada vez: "Quantos triângulos médios são necessários para formar um triângulo grande? Quantos triângulos pequenos são necessários para formar o triângulo médio? Quantos triângulos pequenos são necessários para formar o triângulo grande? Que outras peças do Tangram podem ser formadas utilizando-se apenas os triângulos pequenos? Quantos triângulos grandes são necessários para preencher todo o quadrado do jogo? Quantos triângulos médios são necessários para preencher todo o quadrado ocupado pelas sete peças do jogo? Quantos triângulos pequenos são necessários para preencher todo o quadrado ocupado pelas sete peças do Tangram?".

Ao propor tais problematizações, permita que os alunos desenvolvam discussões no grupo, manuseando o material. Tendo em cada grupo 4 ou 5 Tangrans, os alunos poderão montar um quadrado com as 7 peças como base para o trabalho e preenchê-lo com as peças dos outros Tangrans para confrontar as respostas com as perguntas. Por exemplo, quando se pergunta quantos triângulos grandes cabem no espaço do Tangram, ao recobri-lo com triângulos grandes o aluno logo perceberá que 4 peças formam exatamente a figura. Perceberão também que, ao substituir o triângulo grande pelo médio, serão necessárias 2 peças para substituir cada triângulo grande; portanto, o triângulo médio ocupa metade do grande. O triângulo pequeno é metade do triângulo médio e, relacionando o pequeno com o grande, a relação passa a ser de 4 triângulos pequenos para cada triângulo grande. Então, para preencher o Tangram inteiro, seriam necessários 16 triângulos pequenos. Alguns alunos perceberão ainda que o espaço ocupado pelos 2 triângulos pequenos é o mesmo ocupado pelo quadrado e pelo paralelogramo. Instigue os alunos a observar e manusear o Tangram tanto quanto for necessário para que as descobertas aconteçam.

- **Etapa 2**

Proponha aos grupos que registrem as conclusões a que chegaram e façam uma troca desses registros para que todos tenham a oportunidade de verificar as relações estabelecidas pelos colegas.

1º 2º 3º **4º 5º** ANO ESCOLAR

2 Medindo com o Tangram

Conteúdos
- Noção de área
- Frações como resultado de medições

Objetivos
- Utilizar o número fracionário para medir o espaço ocupado por uma figura com base em uma unidade de medida não convencional
- Explorar a soma de frações com base na medida do espaço por uma unidade de medida não convencional

Recursos
- Um Tangram por aluno, folha de papel branca, lápis e folha de atividades da p. 111

Descrição das etapas

- **Etapa 1**

Distribua para cada aluno um Tangram. Peça aos alunos que realizem a atividade 1, utilizando o quebra-cabeça.

Peça aos alunos que, utilizando o triângulo grande como unidade de medida, descubram quantos triângulos são necessários para recobrir a figura. O triângulo grande é menos versátil que o triângulo pequeno, pois ele não se encaixa por completo em todos os espaços da figura. Dessa forma, será necessário o uso dos números fracionários para que os alunos consigam fazer as relações necessárias para a resolução do problema.

- **Etapa 2**

Peça aos alunos que façam a atividade 2, tendo em vista que a figura agora não é composta pelas 7 peças do Tangram.

Para o fechamento dessa atividade, reúna os alunos em duas duplas para que uma exponha sua estratégia de resolução para a outra. Observe se os alunos fazem uso dos números fracionários em suas explicações, aproveitando o conceito então construído de partes do inteiro.

Respostas

1. $1\,Tg + 1\,Tg + 1\,Tm \left(\text{que equivale a } \dfrac{1}{2}\,Tg\right) + 1\,P \left(\text{que equivale a } \dfrac{1}{2}\,Tg\right) + 1\,Q \left(\text{que equivale a } \dfrac{1}{2}\,Tg\right) + 1\,Tp \left(\text{que equivale a } \dfrac{1}{4}\,Tg\right) + 1\,Tp$

Logo: $1 + 1 + \dfrac{1}{2} + \dfrac{1}{2} + \dfrac{1}{2} + \dfrac{1}{4} + \dfrac{1}{4} =$

$2 + 1 + \dfrac{1}{2} + \dfrac{1}{2} =$

$2 + 1 + 1 = 4\,Tg$

Outra relação que pode ser feita pelos alunos é que, se as 7 peças do Tangram formam o quadrado, e sabendo que 2 triângulos grandes ocupam metade do quadrado, é possível afirmar, mesmo sem construir a figura, que ela mede 4 Tg.

2. $1\,Tg + 1\,Tm + 1\,P + 1\,Tp + 1\,Tp =$

$1 + \dfrac{1}{2} + \dfrac{1}{2} + \dfrac{1}{4} + \dfrac{1}{4} =$

$1 + 1 + \dfrac{1}{2} = 2\dfrac{1}{2}\,Tg$

ATIVIDADES

1. Utilizando as 7 peças do Tangram, monte a figura a seguir:

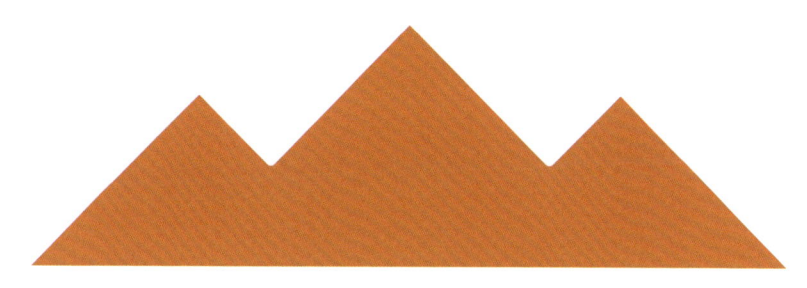

   Quantos triângulos grandes são necessários para cobrir essa figura?

2. A figura a seguir não foi construída com todas as 7 peças do Tangram. Tente montá-la e descubra quantos triângulos grandes são necessários para recobri-la.

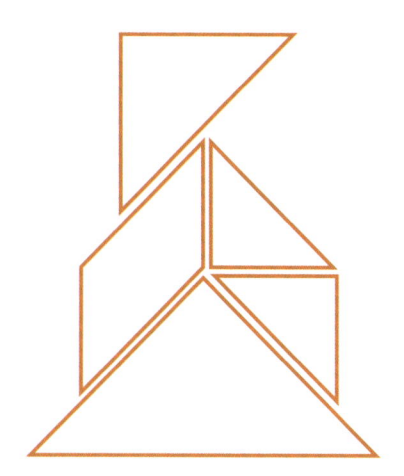

1° 2° 3° 4° 5° ANO ESCOLAR

3 Frações no Tangram

Conteúdos
- Frações: representação, leitura e escrita
- Frações equivalentes

Objetivos
- Interpretar escritas numéricas na forma fracionária, fazendo relações com a representação gráfica das peças do jogo
- Vivenciar processos de resolução de problemas

Recurso
- Um Tangram por aluno

Descrição das etapas

Antes desta sequência de atividades, é importante que tenha sido feita a exploração da sequência "Medindo com o Tangram", pois dessa forma os alunos terão uma boa base de comparação das figuras do Tangram com a utilização de números fracionários. Se houver necessidade, retome aquela sequência e os registros feitos antes de iniciar esta.

- **Etapa 1**

Peça aos alunos que, em grupo, observem as peças do Tangram e discutam as relações existentes entre elas, no que diz respeito ao espaço que ocupam, por exemplo, o quadrado que pode ser ocupado por 2 triângulos pequenos, assim como o paralelogramo e o triângulo médio. Se o triângulo médio ocupa metade do triângulo grande, então o quadrado e o paralelogramo também correspondem à metade do triângulo grande. Se para preencher o triângulo grande são necessários 2 triângulos médios, como o triângulo médio pode ser composto por 2 triângulos pequenos, o triângulo grande pode ser preenchido por 4 triângulos pequenos. Trabalhe com a utilização de números fracionários nessa relação: o triângulo médio ocupa metade do grande, o pequeno ocupa a quarta parte, e assim por diante. Essa discussão construirá uma base para que os alunos realizem a próxima etapa com autonomia.

- **Etapa 2**

Proponha aos grupos a realização da atividade 1. Nela, constam oito afirmações: sete verdadeiras e uma falsa. Com o Tangram em mãos, os alunos deverão manuseá-lo para que encontrem a afirmação falsa e consigam corrigi-la. Em seguida, proponha aos alunos que encontrem uma maneira de transformar a afirmação falsa em verdadeira.

A afirmação de **2** está errada, pois o triângulo pequeno representa $\frac{1}{16}$ do Tangram.

- **Etapa 3**

Familiarizados com a representação fracionária das peças do Tangram, proponha aos alunos que façam a atividade 2. Nela, eles terão de representar a parte montada de um Tangram em forma de fração. Se os alunos utilizarem como unidade de medida o triângulo médio, que equivale a $\frac{1}{8}$ do Tangram inteiro, a resposta para o desafio será $\frac{4}{8}$ ou metade do Tangram. Considere que outras peças podem ser usadas como unidade de medida e será necessário discutir as diferentes respostas encontradas.

ATIVIDADES

1. Não se deixe enganar!
Entre as afirmações a seguir, apenas uma está incorreta. Qual delas está errada?

a) Cada triângulo grande do Tangram representa $\frac{1}{4}$ do jogo (quadrado das 7 peças).

b) Dois triângulos médios equivalem a $\frac{1}{4}$ do jogo.

c) Dois triângulos pequenos representam $\frac{1}{2}$ do triângulo grande.

d) Todos os triângulos do Tangram ocupam, juntos, $\frac{3}{4}$ do jogo.

e) Quatro triângulos pequenos equivalem a 1 triângulo grande.

f) Cada triângulo médio do Tangram representa $\frac{1}{8}$ do jogo.

g) Cada triângulo pequeno do Tangram representa $\frac{1}{12}$ do jogo.

h) Um triângulo pequeno equivale a $\frac{1}{2}$ do triângulo médio.

Discuta com seu grupo a afirmação errada e pense que mudança seria necessária para torná-la correta.

2. Pense e responda!
Um aluno começou a montar seu Tangram e já acomodou um triângulo grande, o médio e o paralelogramo. Que fração representa a parte já montada do Tangram?

Ábaco de pinos

O ábaco é a mais antiga máquina de calcular construída pelo ser humano. Conhecido desde a Antiguidade pelos egípcios, chineses e etruscos, era formado por estacas fixas verticalmente no solo ou em uma base de madeira. Em cada estaca eram colocados pedaços de ossos ou de metal, pedras, conchas para representar quantidades. O valor de cada peça dependia da estaca onde era colocada.

Para as atividades deste bloco propomos a construção de um ábaco composto de pinos nos quais são colocadas argolas ou contas; o valor depende do pino onde as contas são colocadas. Da direita para a esquerda, os pinos representam as ordens das unidades, dezenas, centenas e unidades de milhar.

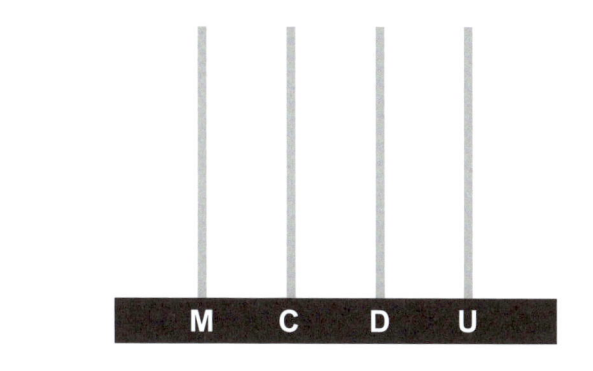

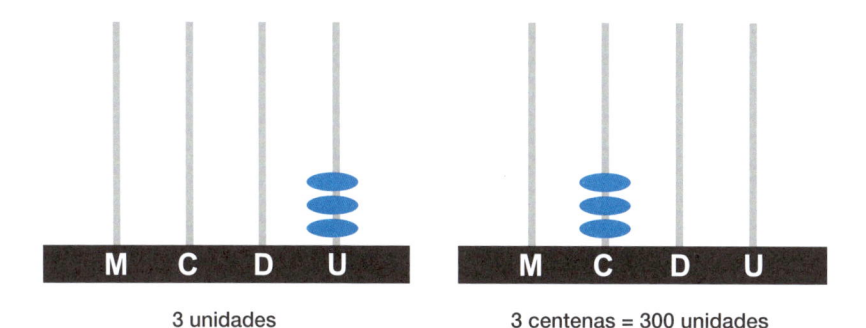

3 unidades

3 centenas = 300 unidades

O ábaco, além de ser um recurso para representar quantidades em um modelo que enfatiza as ordens na escrita de números no Sistema de Numeração Decimal, permite representar cálculos de adição e de subtração. O ábaco reproduz com facilidade os agrupamentos presentes na adição e os recursos necessários em uma subtração, permitindo ao aluno perceber as relações presentes nos cálculos convencionais dessas operações.

Ábaco de pinos

A partir do 4º ano, as atividades passam a envolver também os números racionais decimais, sua leitura e escrita, e a comparação e as operações de adição e subtração com esses números.

Assim, os objetivos principais das atividades são:
- Retomar e aprofundar as propriedades e regularidades do Sistema de Numeração Decimal.
- Representar números decimais nas ordens do Sistema de Numeração Decimal.
- Comparar números decimais.
- Compreender a estrutura dos algoritmos convencionais para a adição e a subtração entre números decimais.

O material

Existem ábacos feitos de madeira e com argolas de plástico que são comercializados. No entanto, esse material também pode ser produzido pelos alunos com recursos simples.

O ideal é que cada aluno tenha seu ábaco para a realização das atividades, mas é possível trabalhar em duplas ou trios, desde que todos tenham a oportunidade de manusear o material.

Observe dois ábacos de madeira:

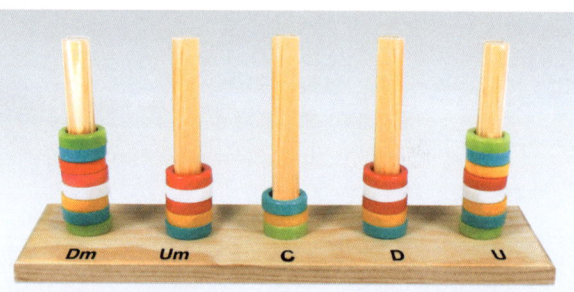

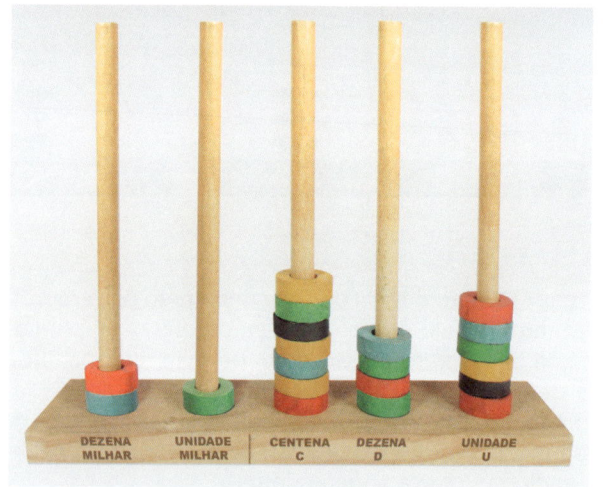

As ordens da dezena de milhar até as unidades representam números inteiros. A cor das argolas não é relevante, elas tanto podem ser de uma cor só como coloridas. O importante é a posição da argola nos pinos e não sua cor.

116 | Coleção Mathemoteca | Frações e Números Decimais

Ábaco de pinos

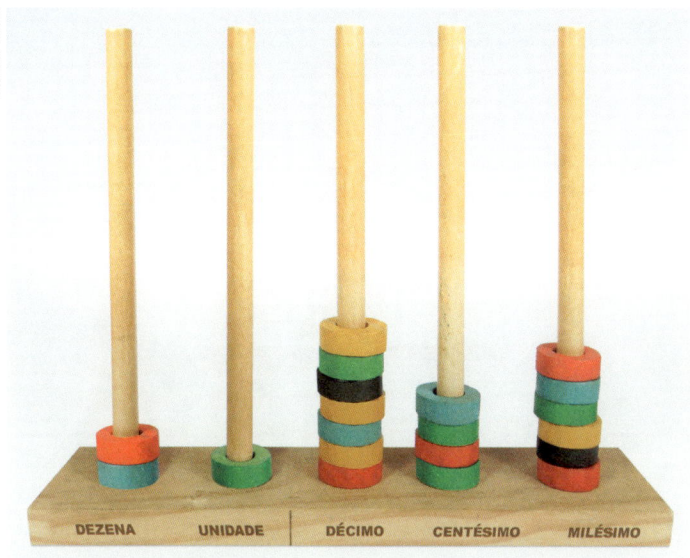

Para a representação de números decimais, neste ábaco as duas ordens da esquerda representam dezenas e unidades e foram separadas, por um traço que corresponde à vírgula, das ordens à direita, ou seja, dos décimos, centésimos e milésimos.

É possível fazer um ábaco com uma caixa de ovos e palitos para churrasco, mais simples que os ábacos de madeira. As argolas podem ser botões grandes, ganchos de cortina, macarrão em argola, tampinhas furadas...

Ábaco confeccionado com caixa de ovos e palitos para churrasco. Diversos outros materiais também podem ser usados para se produzir um ábaco.

Ábaco de pinos

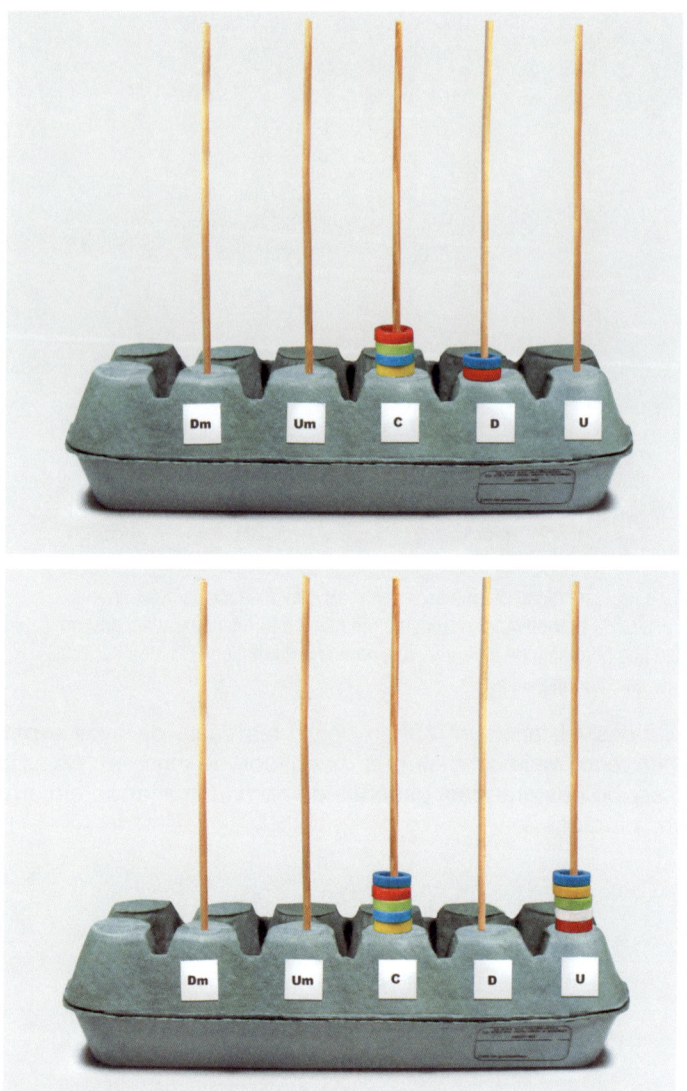

Nestes ábacos estão representados os números 420 e 505.

É interessante preencher a caixa de ovos com areia para que ela fique pesada e fixe melhor os palitos. Feche a caixa com fita adesiva para evitar que a areia caia.

1º 2º 3º **4º 5º** ANO ESCOLAR

1 Explorando o ábaco com números decimais

Conteúdo
- Números decimais

Objetivos
- Explorar o material para a representação de números decimais
- Identificar no ábaco o valor posicional correspondente a décimos, centésimos e milésimos

Recursos
- Um ábaco por aluno, fita-crepe, caderno e lápis

fique atento!

O ábaco de pinos pode ser utilizado para a compreensão do valor posicional em números decimais. Para isso, é preciso colocar uma marcação com fita-crepe ou etiqueta no local em que ficará a vírgula. Desenhe um ábaco no quadro e registre, com auxílio dos alunos, o valor de cada uma das argolas no ábaco quando colocamos a vírgula. Veja a representação abaixo.
O máximo de argolas em cada um dos pinos continua 9; quando há mais do que 9 é necessário fazer a troca.

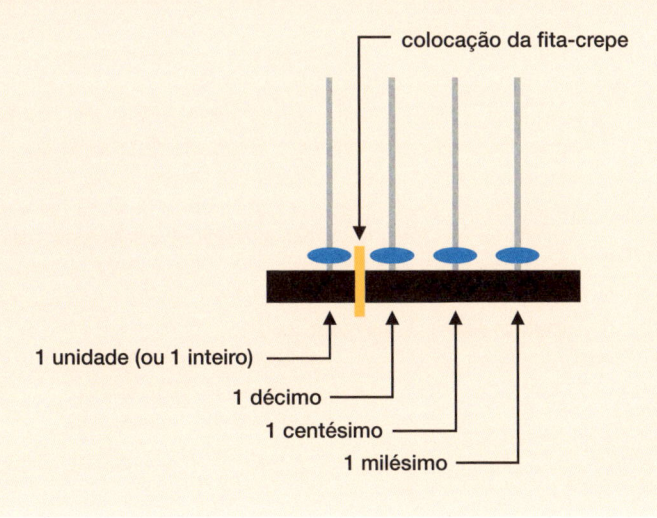

- colocação da fita-crepe
- 1 unidade (ou 1 inteiro)
- 1 décimo
- 1 centésimo
- 1 milésimo

Ábaco de pinos | 119

Descrição das etapas

- **Etapa 1**

Entregue um ábaco para cada aluno. Peça a eles que coloquem a fita-crepe ou outra marcação para representar a vírgula. Desenhe-o no quadro conforme a figura anterior e converse com os alunos sobre o valor que cada argola terá agora.

> **fique atento!**
>
> Verifique se os alunos perceberam que a vírgula separa a parte inteira da parte fracionária ou decimal do número.

Questione os alunos em que pino a argola tem valor maior.
Peça a eles que coloquem uma argola no pino dos décimos. Pergunte que número está sendo representado. Solicite que adicionem argolas no mesmo pino até o 9, conversando com eles, a cada argola colocada, sobre qual número está sendo representado. Quando chegar ao 10, converse com eles sobre quanto valem 10 décimos. Peça a uma criança que registre no quadro:

$$10 \text{ décimos} = ... \text{ (1 inteiro)}$$

Peça agora às crianças que coloquem uma argola no pino dos centésimos. Pergunte a elas que número está sendo representado. Solicite que adicionem argolas no mesmo pino até o 9, conversando com elas, de uma em uma, sobre qual número está sendo representado. Quando chegar ao 10, converse com elas sobre quanto valem 10 centésimos.

Peça a um aluno que registre no quadro:

$$10 \text{ centésimos} = ... \text{ (1 décimo)}$$

Problematize:
"Um inteiro é igual a quantos centésimos?" Deixe-os discutir e manipular o material antes de registrar no quadro:

$$1 \text{ inteiro} = ... \text{ (100 centésimos)}$$

Finalmente, os alunos devem colocar uma argola no pino dos milésimos. Deixe-os manipular livremente, solicitando que anotem as descobertas que fizerem do milésimo em relação aos outros números. Depois que tiverem manipulado bastante o material, peça que anotem no quadro as relações que fizeram. Combine com eles que só podem anotar descobertas que ainda não estão no quadro. Propicie espaço de discussão para as descobertas feitas.

Espera-se que os alunos concluam que:

$$1 \text{ inteiro} = 1\,000 \text{ milésimos}$$
$$1 \text{ décimo} = 100 \text{ milésimos}$$
$$1 \text{ centésimo} = 10 \text{ milésimos}$$

1º 2º 3º **4º 5º** ANO ESCOLAR

2 Comparando a escrita de números decimais

Conteúdo
- Números decimais

Objetivo
- Comparar a escrita e a leitura de números decimais

Recursos
- Um ábaco por aluno, caderno e lápis

fique atento!
Para usar o ábaco com decimais, é preciso colocar uma marcação com fita-crepe ou etiqueta no local em que ficará a vírgula, como representado abaixo:

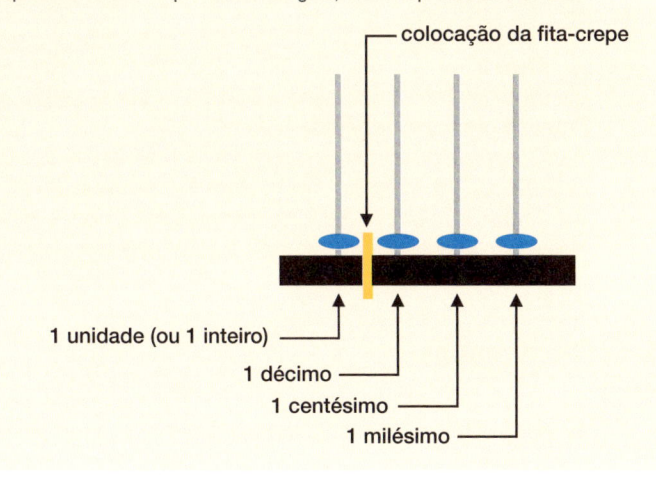

- colocação da fita-crepe
- 1 unidade (ou 1 inteiro)
- 1 décimo
- 1 centésimo
- 1 milésimo

Descrição das etapas

- **Etapa 1**

Entregue um ábaco a cada aluno e peça a eles que se sentem em duplas, lado a lado. Proponha que façam a atividade 1.
Depois que as duplas montarem os números no ábaco e registrarem no caderno, faça com eles um texto coletivo sobre as semelhanças que perceberam e peça que o registrem no caderno.

Ábaco de pinos

Estimule-os a perceber que as casas em que não temos nenhuma argola são representadas na escrita do número pelo algarismo zero.

> **fique atento!**
>
> Nas atividades com ábaco, é importante que os alunos estejam lado a lado, pois a posição do ábaco vista do outro lado altera o número representado.

- **Etapa 2**

Entregue um ábaco a cada aluno e peça a eles que se sentem em duplas, lado a lado. Peça que utilizem o ábaco para responder às perguntas a seguir: "Quanto valem 10 décimos? Se 10 décimos valem 1 inteiro, quanto valem 20 décimos? E 30 décimos?".

Continue com 40 décimos, 50 décimos..., pois alguns alunos já perceberão a regularidade. "Quanto valem 10 centésimos? Se 10 centésimos valem 1 décimo, quanto valem 20 centésimos? E 30 centésimos? E 40 centésimos?... Quanto valem 100 centésimos? Se 100 centésimos valem 1 inteiro, quanto valem 200 centésimos? E 300 centésimos? E 400 centésimos?..."

Para muitos alunos, a resposta não será automática; terão que pensar e representar no ábaco. Cuide para que aqueles que já entenderam a regularidade deem tempo para os outros pensarem.

- **Etapa 3**

Entregue um ábaco a cada aluno e peça a eles que se sentem em duplas, lado a lado. Proponha que façam a atividade 2.

Peça a eles que façam, no seu caderno, grupos com os números iguais.

Peça que, ao final, cada dupla invente mais um número e escreva-o de três formas diferentes. Caso muitos alunos ainda apresentem dificuldade para escrever os números de várias maneiras, coloque no quadro sugestão de duplas que talvez tenham bom desempenho.

ATIVIDADES

1. Represente no ábaco cada um dos números a seguir. Depois, registre o desenho no caderno.
   a) 3 décimos.
   b) 30 centésimos.
   c) 300 milésimos.
   Compare os três desenhos. O que houve de semelhante ou de diferente entre eles?
   d) Um inteiro e quatro décimos.
   e) Um inteiro e quarenta centésimos.
   f) Um inteiro e quatrocentos milésimos.
   Compare os três desenhos. O que houve de semelhante ou de diferente entre eles?

2. Represente no ábaco os números a seguir e registre-os no caderno, separando-os em pares ou trios de números iguais.
   a) Um inteiro, dois décimos e três milésimos.
   b) Um inteiro, dois centésimos e três milésimos.
   c) Um inteiro, dois décimos, quatro centésimos e oito milésimos.
   d) Um inteiro, quatro décimos, dois centésimos e três milésimos.
   e) Um inteiro e duzentos e quarenta e oito milésimos.
   f) Um inteiro e duzentos e três milésimos.
   g) Um inteiro, quarenta e dois centésimos e três milésimos.
   h) Um inteiro, vinte e quatro centésimos e oito milésimos.
   i) Um inteiro e vinte e três milésimos.
   j) Um inteiro e quatrocentos e vinte e três milésimos.

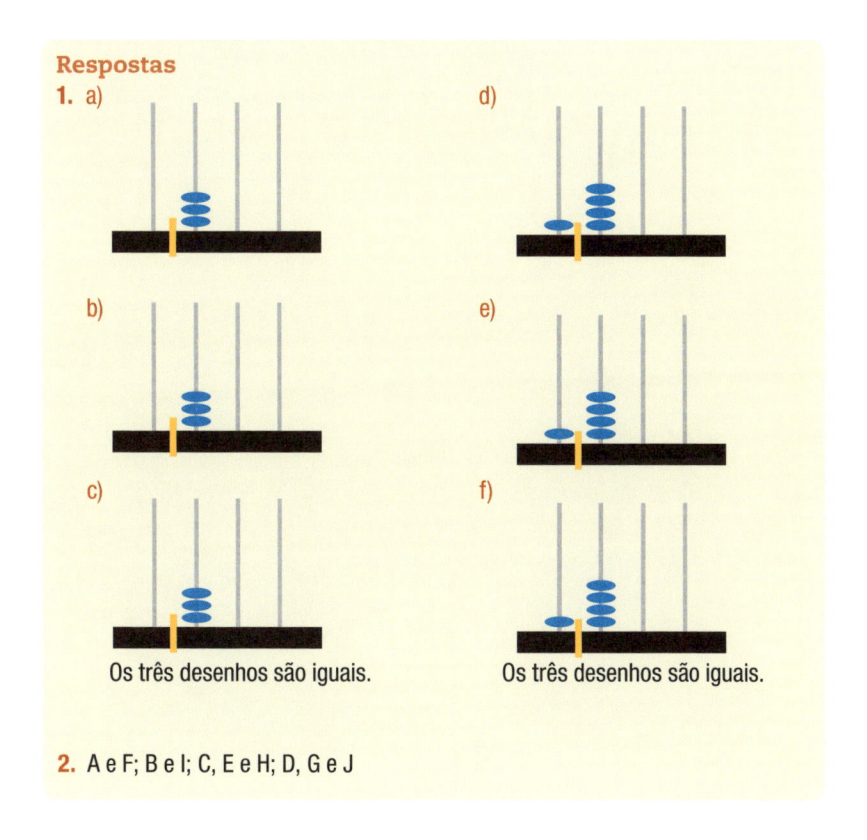

Respostas

1. a) b) c) Os três desenhos são iguais.
   d) e) f) Os três desenhos são iguais.

2. A e F; B e I; C, E e H; D, G e J

1º 2º 3º **4º 5º** ANO ESCOLAR

3 Compondo números decimais no ábaco

Conteúdo
- Composição e decomposição de números decimais

Objetivos
- Compreender as relações entre décimos, centésimos e milésimos
- Perceber que a composição de decimais segue a mesma regularidade que a decomposição de números inteiros

Recursos
- Um ábaco por aluno, caderno e lápis

fique atento!
Para usar o ábaco com decimais, é preciso colocar uma marcação com fita-crepe ou etiqueta no local em que ficará a vírgula, como representado abaixo:

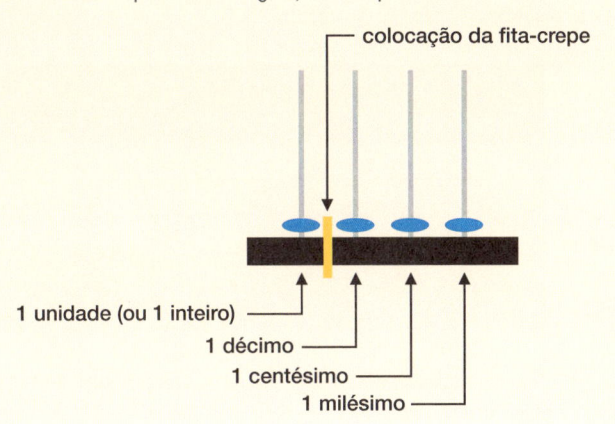

- colocação da fita-crepe
- 1 unidade (ou 1 inteiro)
- 1 décimo
- 1 centésimo
- 1 milésimo

Descrição das etapas

- **Etapa 1**

Entregue um ábaco a cada aluno e peça a eles que se sentem em duplas, lado a lado. Peça que representem o número 6,51 no ábaco.
Pergunte a eles como podemos decompor esse número de maneiras diferentes.

6,51
6 + 0,51
6,5 + 0,01
6 + 0,5 + 0,01
6,01 + 0,5

Ábaco de pinos | 125

Estimule os alunos a fazerem essas decomposições separando nos ábacos as diferentes parcelas e recompondo-as. Por exemplo:

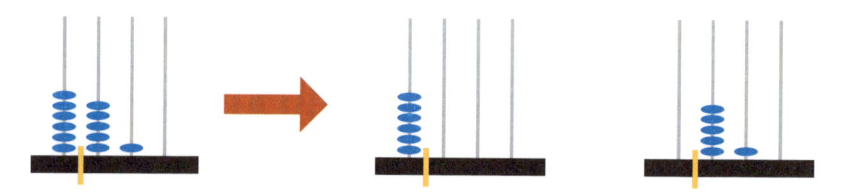

Faça o primeiro número no quadro com eles, sempre desafiando quem achou mais alguma maneira de decompor esses números. Depois, sugira outros números para que façam em duplas e registrem as decomposições obtidas no caderno.

Sugestão de números:
a) 3,23
b) 1,54
c) 9,55
d) 3,66
e) 8,124
f) 0,934
g) 2,591
h) 4,466
i) 1,782

- **Etapa 2**

Entregue um ábaco a cada dupla. Nesta atividade, eles irão compor a maior quantidade possível de números com os números abaixo.
Coloque no quadro a tabela abaixo e oriente os alunos a montar no ábaco números formados por um dos algarismos a seguir em cada ordem. Por exemplo, apenas usando o 3 nas unidades eles podem compor no ábaco números como: 3,101; 3,760; 3,291; e muitos outros.

Unidades	Décimos	Centésimos	Milésimos
3	1	0	1
4	3	4	4
5	0	6	7
0	7	8	8
7	2	9	0

Depois, as duplas devem registrar no quadro um dos números que encontraram e, ao lado, escrevê-lo por extenso. Não pode ser repetida a mesma escrita, mas pode ser repetido o mesmo número, isto é, uma dupla pode escrever, para o número 3,047, "três unidades e quarenta e sete milésimos" e a outra "três inteiros, quatro centésimos e sete milésimos". Compare com eles se é possível encontrar mais números ou mais registros por extenso, para que percebam que o mesmo número pode ser lido de mais de uma maneira.

1° 2° 3° **4° 5°** ANO ESCOLAR

4

Montando números decimais no ábaco

Conteúdo
- Números decimais

Objetivo
- Identificar o valor posicional dos números decimais

Recursos
- Um ábaco por aluno, caderno, lápis e folha de atividades da p. 129

fique atento!

Para usar o ábaco com decimais, é preciso colocar uma marcação com fita-crepe ou etiqueta no local em que ficará a vírgula, como representado abaixo:

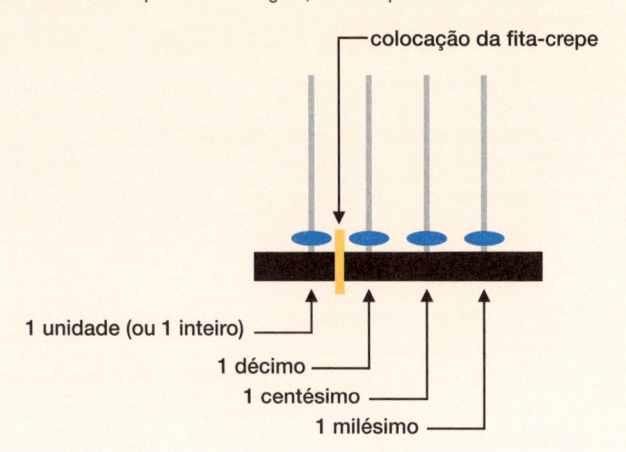

colocação da fita-crepe

1 unidade (ou 1 inteiro)
1 décimo
1 centésimo
1 milésimo

Descrição das etapas

- **Etapa 1**

Entregue um ábaco a cada aluno e peça a eles que se sentem em duplas, lado a lado. Proponha que façam a atividade 1.

Dite um número de cada vez, dando tempo para os alunos montar os números e comparar suas respostas. Se as discussões em duplas não forem suficientes para decidirem qual

Ábaco de pinos | 127

a forma de representar aquele número, sugira que formem quartetos para a discussão. Caso necessário, se restarem dúvidas, faça o registro no quadro.

Sugestão de números para serem ditados pelo professor para a atividade 1:
- dois inteiros, três décimos e cinco centésimos
- dois inteiros, três décimos e cinco milésimos
- dois inteiros, três centésimos e cinco milésimos
- cinco inteiros, dois décimos e três centésimos
- cinco inteiros, dois décimos e três milésimos
- cinco inteiros, dois centésimos e três milésimos

fique atento!

Nas atividades com ábaco, é importante que os alunos estejam lado a lado, pois a posição do ábaco vista do outro lado altera o número representado.

- **Etapa 2**

Repita a atividade da etapa 1, mas dite agora outros números decimais. Nesta etapa, os números não serão mais ditados isoladamente, um algarismo por vez.

Sugestão de números para serem ditados pelo professor para a atividade 1:
- quatro inteiros e trinta e cinco centésimos
- quatro inteiros e trinta e cinco milésimos
- quatro inteiros e trezentos e cinco milésimos
- sete inteiros e vinte e três centésimos
- sete inteiros e vinte e três milésimos
- sete inteiros e duzentos e três milésimos

Promova uma discussão para que os alunos comparem o que mudou entre um número formado e outro.

- **Etapa 3**

Proponha que os alunos façam a atividade 2. Deixe os ábacos à disposição, caso os alunos queiram usá-los.
Oriente os alunos que no exemplo abaixo há três maneiras diferentes para escrever cada número, mas que eles podem registrar apenas duas maneiras para cada um.
Faça com eles, no quadro, exemplos de como podem escrever a forma como se lê o número 0,246 de maneiras diferentes.
Por exemplo: 2 décimos, 4 centésimos e 6 milésimos ou 2 décimos e 46 milésimos ou 246 milésimos.

Respostas

2. a) 0,915
b) 1,201
c) 6,084
d) 7,32 ou 7,320
e) 0,039
f) 5,408

ATIVIDADES

1. Seu professor vai ditar alguns números decimais.
   a) Monte em seu ábaco o número ditado.
   b) Confira com seu colega de dupla se o número que você formou está igual ao que seu colega formou.
   c) Se os números estiverem diferentes, conversem para ver qual foi realmente o número ditado pelo professor.

2. Observe as representações dos números nos desenhos a seguir. Escreva no caderno o número formado em cada uma delas de duas maneiras diferentes: usando algarismos e da forma como se lê cada número.

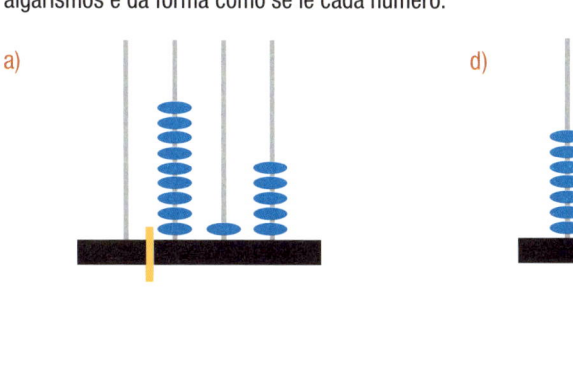

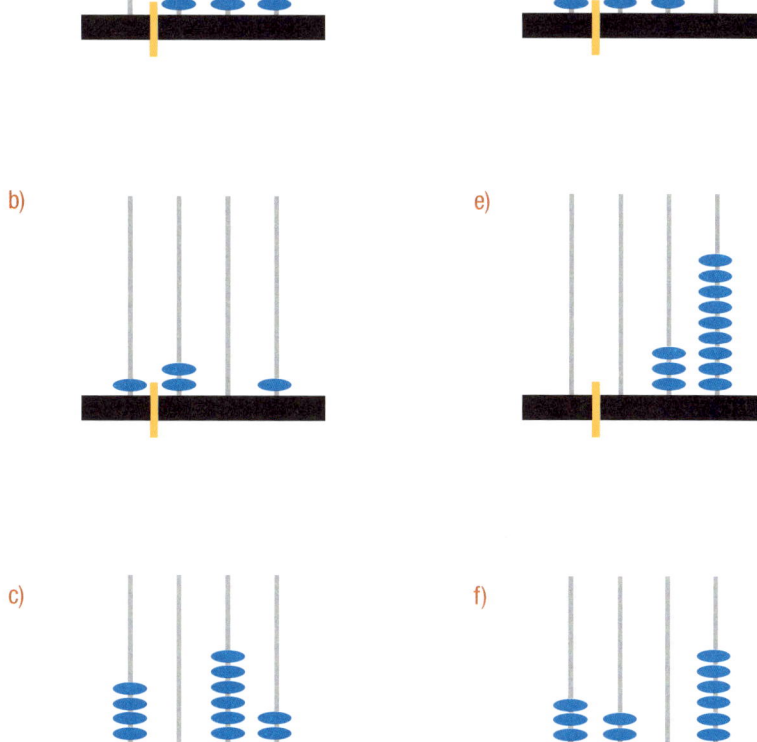

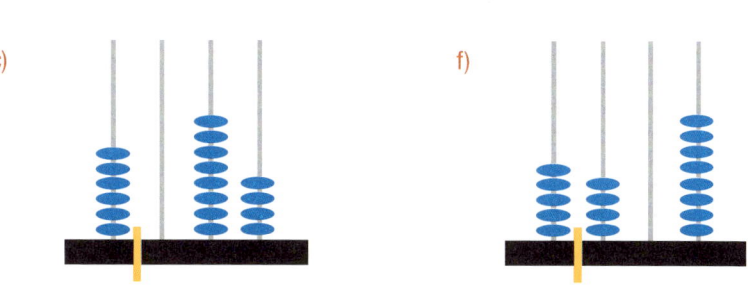

a)

b)

c)

d)

e)

f)

Ábaco de pinos | 129

1º 2º 3º **4º 5º** ANO ESCOLAR

5 — Explorando mais números decimais no ábaco

Conteúdo
- Números decimais

Objetivos
- Identificar o valor posicional dos números decimais
- Comparar números decimais

Recursos
- Um ábaco por dupla, lápis, folha de papel branca e fita-crepe

fique atento!

Para usar o ábaco com decimais, é preciso colocar uma marcação com fita-crepe ou etiqueta no local em que ficará a vírgula, como representado abaixo:

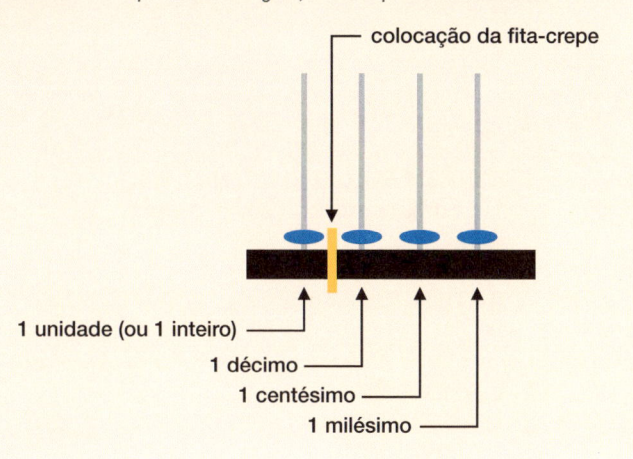

- colocação da fita-crepe
- 1 unidade (ou 1 inteiro)
- 1 décimo
- 1 centésimo
- 1 milésimo

Descrição das etapas

- **Etapa 1**

Entregue um ábaco a cada dupla. Proponha que façam a atividade 1.
Aproveite os itens **c** a **f** para discutir coletivamente com a classe. É esperado que eles comecem a perceber que 0,11 é mais próximo de 1 décimo do que 0,2. Se necessário, faça novamente a contagem sugerida em 1. "Explorando o ábaco com números decimais".
Repita a mesma atividade para 3 e 4 bolinhas.

Ábaco de pinos | 131

> **fique atento!**
>
> No início, é comum os alunos fazerem aleatoriamente as montagens dos números; por isso, as discussões sobre como cada um pensou e os painéis de solução são tão importantes para que se conscientizem das relações que existem entre os decimais.

- **Etapa 2**

Entregue um ábaco a cada dupla. Proponha que façam a atividade 2.

Deixe que os alunos façam, sem intervenções, até o item **e**. Depois que todos registrarem suas respostas no quadro, promova a discussão para que comparem as respostas.

Caso todas as respostas estejam iguais, desafie-os, perguntando: "Por que 0,95 é mais próximo de 2 do que 0,9? Há algum número mais próximo? Qual é maior: 0,09 ou 0,099? Por quê? Qual número se aproxima mais de 1 décimo: 0,099 ou 1,001? (O objetivo aqui é que eles comecem a perceber que os dois são equidistantes a 1 décimo, mas um é menor e outro maior do que 0,1)."

Faça outras perguntas desse tipo para comparação dos decimais. Se, apesar da discussão, ainda perceber muitas dúvidas na comparação, faça novamente a contagem sugerida em 1. "Explorando o ábaco com números decimais".

> **Equidistante:** que tem a mesma distância.

> **fique atento!**
>
> É muito comum os alunos acharem que o número que tem menos algarismos é menor.

Respostas

1. c) 0,002; 0,011; 0,02; 0,11; 0,2; 1,1; 2.
      2 é o maior número e 0,002 é o menor.
   d) 0,11
   e) 0,011
   f) 0,002 < 0,011 < 0,02 < 0,11 < 0,2 < 1,1 < 2

2. a) 0,999 ou 1,001
   b) 0,099 ou 0,101
   c) 0,009 ou 0,011
   d) 0 ou 0,002

ATIVIDADES

1. a) Pegue duas argolas e coloque cada uma no pino do ábaco que quiser.
   b) Qual número você formou? Registre-o no papel.
   c) Faça todos os números que conseguir formar com essas duas argolas. Qual o maior número que você conseguiu formar? E o menor?
   d) Forme o número mais próximo de 1 décimo com essas duas argolas.
   e) Forme o número mais próximo de 1 centésimo com essas duas argolas.
   f) Registre no caderno os números formados no item **c** em ordem crescente.

2. Nesta atividade, você deve encontrar o número mais próximo do número pedido, mas que não seja o próprio número.
   a) Pegue quantas argolas quiser para fazer o número mais próximo de 1 inteiro. Qual número você formou? Registre-o no papel.
   b) Pegue quantas argolas quiser para fazer o número mais próximo de 1 décimo. Qual número você formou? Registre-o no papel.
   c) Pegue quantas argolas quiser para fazer o número mais próximo de 1 centésimo. Qual número você formou? Registre-o no papel.
   d) Pegue quantas argolas quiser para fazer o número mais próximo de 1 milésimo. Qual número você formou? Registre-o no papel.
   e) Reúna-se agora com outra dupla de colegas e compare os resultados obtidos. Se houver resultados diferentes, conversem para decidir qual deles é o mais próximo do número pedido.
   f) Registrem as respostas obtidas pelo quarteto no quadro. Quando todos tiverem registrado suas respostas, o professor fará uma discussão coletiva.

1º 2º 3º **4º 5º** ANO ESCOLAR

6 Somando números decimais no ábaco

Conteúdo
- Adição de números decimais

Objetivos
- Explorar o ábaco para realizar adições com números decimais
- Perceber que as regularidades do Sistema de Numeração Decimal se estendem aos números decimais

Recursos
- Um ábaco por aluno, caderno, lápis e fita-crepe

fique atento!

Para usar o ábaco com decimais, é preciso colocar uma marcação com fita-crepe ou etiqueta no local em que ficará a vírgula, como representado abaixo:

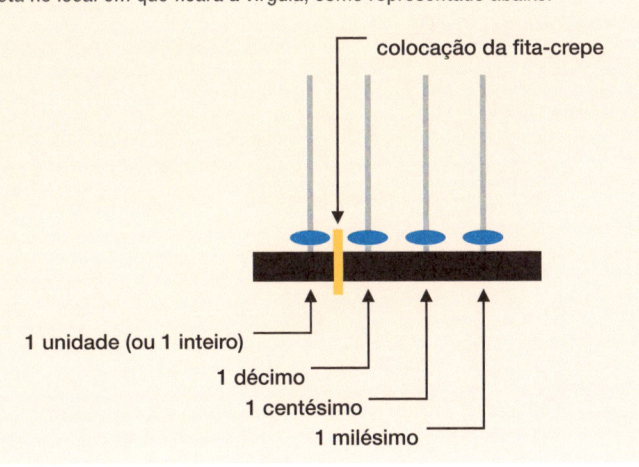

colocação da fita-crepe

1 unidade (ou 1 inteiro)
1 décimo
1 centésimo
1 milésimo

Descrição das etapas

- **Etapa 1**

Entregue um ábaco a cada aluno e peça a eles que se sentem em duplas, lado a lado. Peça que representem o número 3,56 e questione-os sobre o que acontece quando se adiciona:

Ábaco de pinos | 135

- 1 argola no pino das unidades;
- 1 argola no pino dos décimos;
- 1 argola no pino dos centésimos;
- 1 argola no pino dos milésimos;

Registre no quadro os números formados:
$$4,56 - 3,66 - 3,57 - 3,561$$

Refaça as mesmas perguntas com os seguintes números formados no ábaco:
$$5,89 - 6,519 - 7,987 - 5,899 - 8,999$$

Registre no quadro os números formados:
$$6,89 - 5,99 - 5,90 - 5,891 - 7,519 - 6,619 - 6,529 - 6,520 - 8,987 - 8,087 - 7,997 -$$
$$7,988 - 6,899 - 5,999 - 5,909 - 5,900 - 9,999 - 9,099 - 9,009 - 9,000$$

Promova a discussão sobre os números em que foi necessária apenas uma troca ou aqueles em que foi necessária mais de uma troca. Faça perguntas como: "Quando o número fica maior: quando adicionamos um décimo ou um centésimo? Se eu quiser aumentar menos o número devo adicionar um milésimo ou um centésimo?".

- **Etapa 2**

Entregue um ábaco para cada dupla. Peça aos alunos que formem o número 8,357 e questione-os sobre quantas argolas é preciso adicionar para fazer uma troca:
- no pino dos décimos? Quanto valem essas argolas?
- no pino dos centésimos? Quanto valem essas argolas?
- no pino dos milésimos? Quanto valem essas argolas?

Registre com eles no quadro as trocas feitas:
$$8,357 + 0,7 = 9,057$$
$$8,357 + 0,05 = 8,407$$
$$8,357 + 0,003 = 8,360$$

Repita a atividade para outros números. Peça aos alunos, um de cada vez, que inventem os números e registrem no quadro a resposta dos colegas à operação sugerida.

Peça aos alunos que escolham oito operações das que foram feitas e as registrem no caderno.

1º 2º 3º **4º 5º** ANO ESCOLAR

7 — O ábaco e as somas com números decimais

Conteúdo
- Adição de números decimais

Objetivos
- Explorar o ábaco para realizar adições
- Identificar a necessidade de fazer trocas nas adições
- Perceber as regularidades do Sistema de Numeração Decimal

Recursos
- Um ábaco por aluno, caderno, lápis e fita-crepe

fique atento!

Para usar o ábaco com decimais, é preciso colocar uma marcação com fita-crepe ou etiqueta no local em que ficará a vírgula, como representado abaixo:

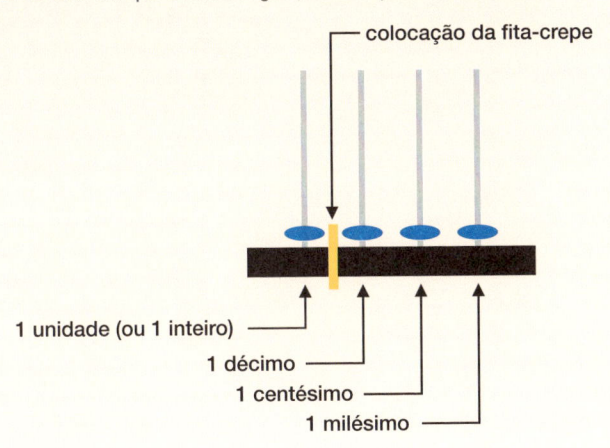

- colocação da fita-crepe
- 1 unidade (ou 1 inteiro)
- 1 décimo
- 1 centésimo
- 1 milésimo

Descrição das etapas

- **Etapa 1**

Entregue um ábaco a cada aluno e peça a eles que se sentem em duplas. Proponha que façam a atividade 1.

Ábaco de pinos

Observe se os alunos percebem que estão representando dois números distintos e depois adicionando os dois.

Peça que comparem as respostas com os amigos e vejam se chegaram ao mesmo resultado. Discuta com a classe as contas que apresentaram maior dificuldade.

fique atento!

Ao registrar a adição, alguns alunos alinham o número pela direita sem se preocupar com o posicionamento da vírgula. É muito importante ressaltar que precisamos adicionar inteiros com inteiros, décimos com décimos...

- **Etapa 2**

Entregue uma ábaco a cada aluno e peça a eles que se sentem em duplas. Proponha que façam a atividade 2.

Peça que comparem os resultados iguais na lista apresentada e que justifiquem por que os resultados foram iguais.

Espera-se que eles percebam que o resultado foi o mesmo porque eram os mesmos números escritos de maneira diferente.

Solicite que eles escrevam no caderno cada um dos resultados por extenso de duas maneiras diferentes, como mostram os exemplos a seguir:

1,256: um inteiro, dois décimos, cinco centésimos e seis milésimos
1,256: um inteiro, vinte e cinco centésimos e seis milésimos
1,256: um inteiro e duzento e cinquenta e seis milésimos

Respostas

1. a) 3,8
   b) 5,45
   c) 4,22
   d) 8,358
   e) 9,41
   f) 4,245
   g) 7,418
   h) 5,931
   i) 7,281
   j) 1,717

2. A e E : 9,084
   B e G : 8,595
   C e F : 8,371
   D e H : 9,594

ATIVIDADES

1. Pegue um ábaco. A lista abaixo é formada por pares de números. Represente um dos dois números de cada par. Depois, juntem as argolas em um único ábaco e vejam se foi necessário fazer alguma troca.
Registrem no caderno os números formados e o resultado de cada adição.

   a) 2,3 + 1,5
   b) 3,75 + 1,7
   c) 0,02 + 4,2
   d) 0,12 + 8,238
   e) 2 + 7,41
   f) 2,093 + 2,152
   g) 4,928 + 2,49
   h) 5,721 + 0,21
   i) 4,791 + 2,49
   j) 1,7 + 0,017

2. Faça no ábaco as adições descritas a seguir e, depois, registre no caderno os números e o resultado com algarismos.
   a) sete inteiros, cento e quarenta e sete milésimos + um inteiro, nove décimos, três centésimos e sete milésimos
   b) cinco inteiros e setecentos e noventa e um milésimos + dois inteiros, oito décimos e quatro milésimos
   c) quatro inteiros e quinhentos e sessenta e dois milésimos + três inteiros, oito décimos e nove milésimos
   d) cinco inteiros e trezentos e oitenta e seis milésimos + quatro inteiros e duzentos e oito milésimos
   e) sete inteiros, um décimo, quatro centésimos e sete milésimos + um inteiro e novecentos e trinta e sete milésimos
   f) quatro inteiros, cinco décimos, seis centésimos e dois milésimos + três inteiros, oitocentos e nove milésimos
   g) cinco inteiros, sete décimos, nove centésimos e um milésimo + dois inteiros e oitocentos e quatro milésimos
   h) cinco inteiros, três décimos, oito centésimos e seis milésimos + quatro inteiros e dois décimos e oito milésimos

1º 2º 3º **4º 5º** ANO ESCOLAR

8 Ábaco – subtraindo com números decimais

Conteúdo
- Subtração de números decimais

Objetivos
- Compreender as subtrações com números decimais
- Perceber que as operações com decimais têm as mesmas regularidades dos números inteiros

Recursos
- Um ábaco por aluno, caderno, lápis e fita-crepe

fique atento!

Para usar o ábaco com decimais, é preciso colocar uma marcação com fita-crepe ou etiqueta no local em que ficará a vírgula, como representado abaixo:

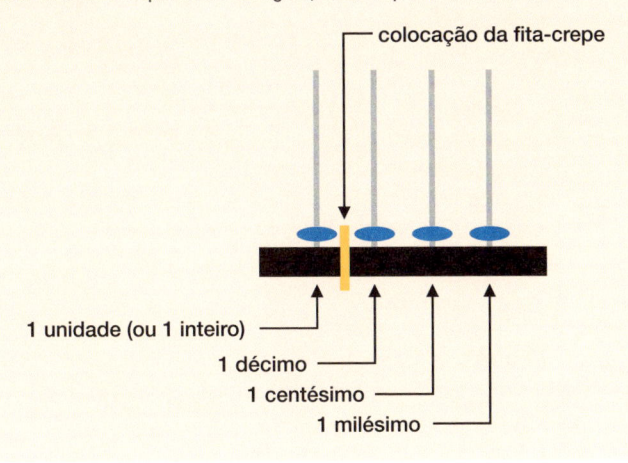

- colocação da fita-crepe
- 1 unidade (ou 1 inteiro)
- 1 décimo
- 1 centésimo
- 1 milésimo

Descrição das etapas

- **Etapa 1**

Entregue um ábaco a cada aluno e peça a eles que se sentem em duplas, lado a lado. Peça-lhes que representem o número 4,205.

Pergunte a eles como podemos fazer para subtrair 3 centésimos desse número, usando o ábaco.
Observe, inicialmente, se os alunos estão identificando a posição do centésimo no ábaco. Converse com eles sobre a troca que deve ser feita e o valor do décimo que será trocado por 10 centésimos.

fique atento!

Alguns alunos alinham o número pela direita sem se preocupar com o posicionamento da vírgula. É muito importante ressaltar que precisamos subtrair inteiros de inteiros, décimos de décimos...

Repita o procedimento, sempre discutindo a troca, retomando o valor da argola que será trocada e demonstrando que está colocando as 10 argolas correspondentes além das que já estão no pino.

Sugestão de números:
a) 3,05 − 0,23 =
b) 1,23 − 0,54 =
c) 9,54 − 0,55 =
d) 3,24 − 0,66 =
e) 8,3 − 0,124 =
f) 0,951 − 0,34 =
g) 2,815 − 1,91 =
h) 4,4 − 0,666 =
i) 1,7 − 1,082 =

Respostas:
a) 2,82
b) 0,69
c) 8,99
d) 2,58
e) 8,176
f) 0,611
g) 0,905
h) 3,743
i) 0,618

- **Etapa 2**

Entregue um ábaco a cada aluno e peça a eles que se sentem em duplas. Proponha que façam as atividades 1 a 4, a seguir.
Promova a socialização da atividade 4. Estimule alguns alunos a verbalizar o que para eles é uma conta fácil ou não. Pergunte se algum colega tem alguma sugestão para quando a conta apresenta alguma dificuldade.

Respostas

2. a) 0,8
b) 2,06
c) 1,1
d) 1,881
e) 0,48
f) 0,531
g) 2,349
h) 5,512
i) 2,302
j) 1,672

ATIVIDADES

1. Resolva as subtrações abaixo em seu ábaco, seguindo estas orientações:
   - Coloque no ábaco as argolas que representam o primeiro número.
   - Retire as argolas que correspondem ao número que vai ser subtraído do primeiro.
   - Faça as trocas que forem necessárias para fazer a retirada das argolas.

   a) 3,4 – 2,6
   b) 4,86 – 2,8
   c) 1,13 – 0,3
   d) 9,23 – 7,349
   e) 9 – 8,52
   f) 3,794 – 3,263
   g) 5,939 – 3,59
   h) 6,832 – 1,32
   i) 5,892 – 3,59
   j) 2,8 – 1,128

2. Registre no caderno a operação feita e o resultado.

3. Sublinhe de azul, no caderno, o resultado das operações que você achou fácil realizar.

4. Compare com seu colega de dupla se as operações que vocês acharam fáceis são as mesmas ou são diferentes.

144 | Coleção **Mathemoteca** | Frações e Números Decimais

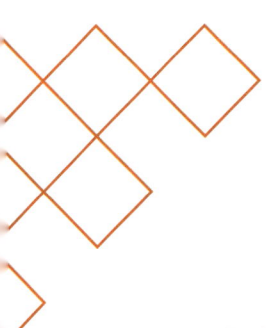

Materiais

Se sua escola não dispõe de materiais manipulativos (frações circulares, mosaico, Tangram) em quantidade suficiente, você pode disponibilizar para cada aluno uma cópia dos moldes que se encontram a seguir. Para que cada aluno tenha o seu próprio material, basta colar as folhas em cartolina e recortá-las. Para baixá-las, em www.grupoa.com.br, acesse a página do livro por meio do campo de busca e clique em Área do Professor.

No caso do mosaico, há apenas um molde de cada peça. O *kit* completo, no entanto, deve conter as seguintes quantidades:

- 6 hexágonos;
- 10 trapézios;
- 20 triângulos;
- 15 losangos maiores;
- 15 losangos menores;
- 16 quadrados.

Frações circulares

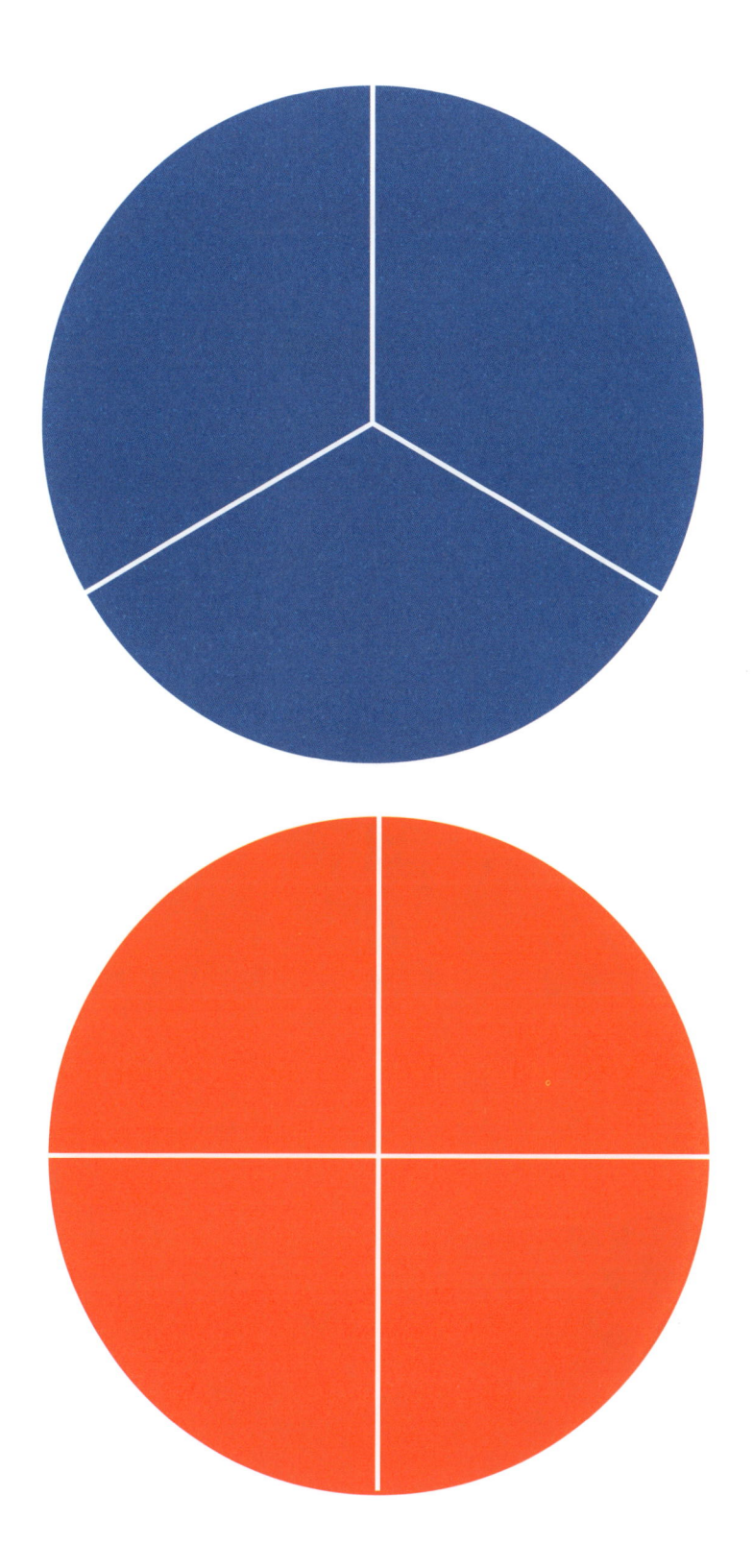

Materiais manipulativos | 147

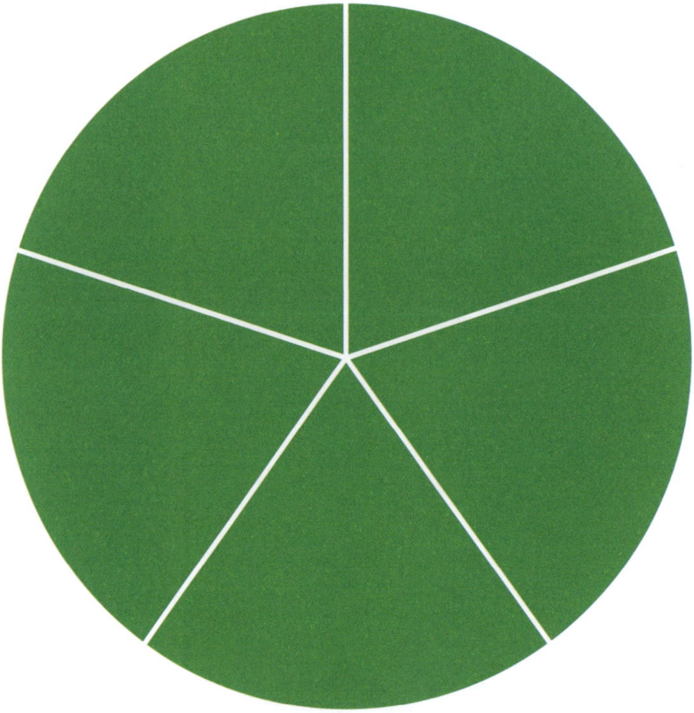

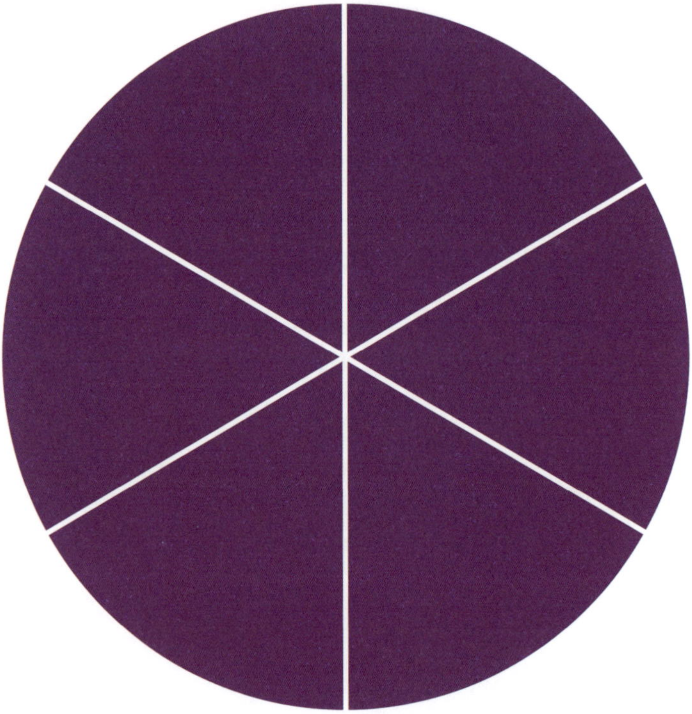

Materiais manipulativos | 149

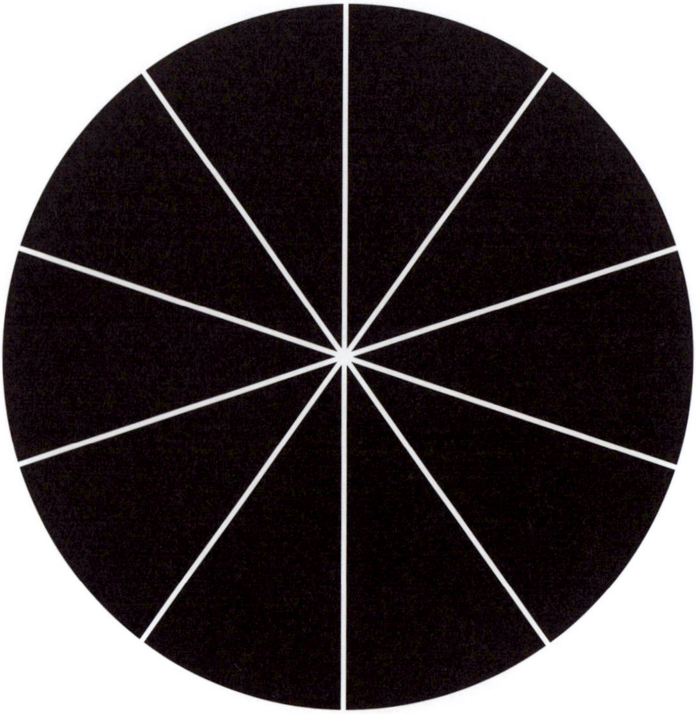

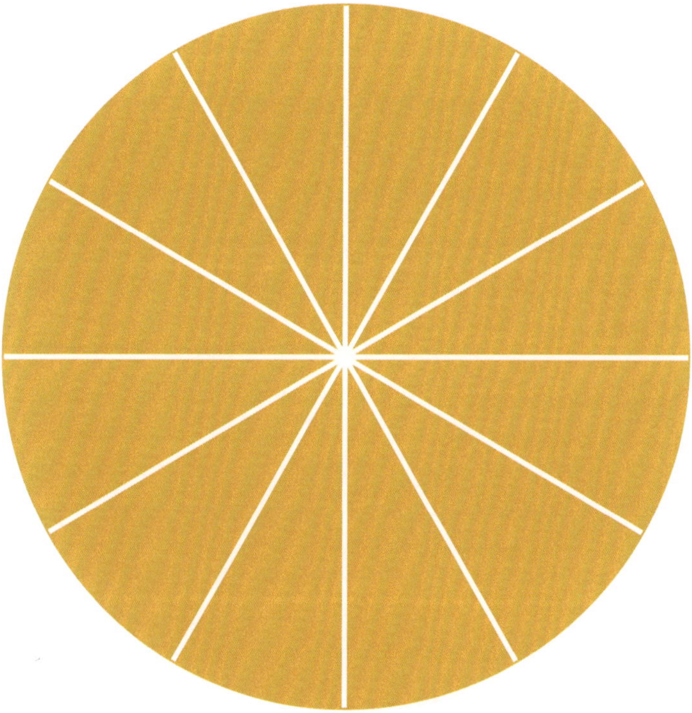

Mosaico

Materiais manipulativos | 151

152 | **Coleção Mathemoteca** | Frações e Números Decimais

Tangram

Referências

CÂNDIDO, P. Comunicação em matemática. In: SMOLE, K. C. S.; DINIZ, M. I. S. V. (Org.). *Ler, escrever e resolver problemas*: habilidades básicas para aprender matemática. Porto Alegre: Artmed, 2001.

CAVALCANTI, C. Diferentes formas de resolver problemas. In: SMOLE, K. C. S.; DINIZ, M. I. S. V. (Org.). *Ler, escrever e resolver problemas*: habilidades básicas para aprender matemática. Porto Alegre: Artmed, 2001.

COLL, C. (Org.). *Desenvolvimento psicológico e educação*. Porto Alegre: Artmed, 1995. v. 1.

KAMII, C.; DEVRIES, R. *Jogos em grupo na educação infantil*. São Paulo: Trajetória Cultural, 1991.

KAMII, C.; LIVINGSTONE, S. J. *Desvendando a aritmética*: implicações da teoria de Piaget. Campinas: Papirus, 1995.

KAMII, C.; LEWIS, B. A.; LIVINGSTONE, S. J. Primary arithmetic: children inventing their own produces. *Arithmetic Teacher*, v. 41, n. 4, 1993.

KISHIMOTO, T. M. (Org.). *Jogo, brinquedo, brincadeira e educação*. São Paulo: Cortez, 2000.

KRULIC, S.; RUDNICK, J. A. Strategy gaming and problem solving: instructional pair whose time has come! *Arithmetic Teacher*, n. 31, p. 26-29, 1983.

LERNER, D.; SADOVSKY, P. O sistema de numeração: um problema didático. In: PARRA, C.; SAIZ, I. *Didática da matemática*: reflexões psicopedagógicas. Porto Alegre: Artmed, 2008.

LÉVY, P. *As tecnologias da inteligência*: o futuro do pensamento na era da informática. Rio de Janeiro: Editora 34, 1993.

MACHADO, N. J. *Matemática e língua materna*: a análise de uma impregnação mútua. São Paulo: Cortez, 1990.

MIORIM, M. A.; FIORENTINI, D. Uma reflexão sobre o uso de materiais concretos e jogos no ensino de Matemática. *Boletim SBEM-SP*, v. 7, p. 5-10, 1990.

MORENO, B. R. O ensino de número e do sistema de numeração na educação infantil e na 1ª série. In: PANIZZA, M. (Org.). *Ensinar matemática na educação infantil e nas séries iniciais*: análise e propostas. Porto Alegre: Artmed, 2008.

QUARANTA, M. E.; WOLMAN, S. Discussões nas aulas de matemática: o que, para que e como se discute. In: PANIZZA, M. (Org.). *Ensinar matemática na educação infantil e nas séries iniciais*: análise e propostas. Porto Alegre: Artmed, 2006.

RIBEIRO, C. Metacognição: um apoio ao processo de aprendizagem. *Psicologia*: Reflexão e Crítica, v. 16, n. 1, p. 109-116, 2003.

SMOLE, K. C. S. *A matemática na educação infantil*: a Teoria das Inteligências Múltiplas na prática escolar. Porto Alegre: Artmed, 1996.

SMOLE, K. C. S.; DINIZ, M. I. S. V. *Ler, escrever e resolver problemas*: habilidades básicas para aprender matemática. Porto Alegre: Artmed, 2001.

LEITURAS RECOMENDADAS

ABRANTES, P. *Avaliação e educação matemática*. Rio de Janeiro: MEM/USU Gepem, 1995.

BERTONI, N. E. A construção do conhecimento sobre número fracionário. *Bolema*, v. 21, n. 31, p. 209-237, 2008.

BRASIL. Ministério da Educação e do Desporto. Secretaria de Educação Fundamental. *Parâmetros Curriculares Nacionais*. Brasília: MEC/SEF, 1997.

BRASIL. Ministério da Educação. *SAEB – Sistema Nacional de Avaliação da Educação Básica*. Brasília: MEC, 2001, 2003.

BRIGHT, G. W. et al. (Org.). *Principles and Standards for School Mathematics Navigations Series*. Reston: NCTM, 2004.

BRIZUELA, B. M. *Desenvolvimento matemático na criança*: explorando notações. Porto Alegre: Artmed, 2006.

BUORO, A. B. *Olhos que pintam*: a leitura da imagem e o ensino da arte. São Paulo: Cortez, 2002.

BURRILL, G.; ELLIOTT, P. (Org.). *Thinking and reasoning with data and chance*: Yearbook 2006. Reston: NCTM, 2006.

CARRAHER, T. et al. *Na vida dez, na escola zero*. São Paulo: Cortez, 1988.

CLEMENTS, D.; BRIGTH, G. (Org.). *Learning and teaching measurement*: Yearbook 2003. Reston: NCTM, 2003.

COLOMER, T.; CAMPS, A. *Ensinar a ler, ensinar a compreender*. Porto Alegre: Artmed, 2002.

CROWLEY, M. L. O modelo van Hiele de desenvolvimento do pensamento geométrico. In: LINDQUIST, M. M.; SHULTE, A. P. (Org.). *Aprendendo e ensinando geometria*. São Paulo: Atual, 1994.

D'AMORE, B. *Epistemologia e didática da matemática*. São Paulo: Escrituras, 2005. (Coleção Ensaios Transversais).

FIORENTINI, D. A didática e a prática de ensino medidas pela investigação sobre a prática. In: ROMANOWSKI, J. P.; MARTINS, P. L. O.; JUNQUEIRA, S. R. (Org.). *Conhecimento local e universal*: pesquisa, didática e ação docente. Curitiba: Champagnat, 2004. v. 1.

FROSTIG, M.; HORNE, D. *The Frostig program for development of visual perception*. Chicago: Follet, 1964.

GARDNER, H. *Inteligências múltiplas*: a teoria na prática. Porto Alegre: Artmed, 1995.

HOFFER, A. R. Geometria é mais que prova. *Mathematics Teacher*, v. 74, n. 1, p. 11-18, 1981.

HOFFER, A. R. *Mathematics Resource Project*: geometry and visualization. Palo Alto: Creative, 1977.

HUETE, J. C. S.; BRAVO, J. A. F. *O ensino da matemática*: fundamentos teóricos e bases psicopedagógicas. Porto Alegre: Artmed, 2006.

KALEFF, A. M. M. R. Vendo e entendendo poliedros. Niterói: Ed. da Universidade Federal Fluminense, 1998.

KAMII, C.; JOSEPH, L. L. *Crianças pequenas continuam reinventando a aritmética*: implicações da teoria de Piaget. 2. ed. Porto Alegre: Artmed, 2004.

KAUFMAN, A. M. (Org.). *Letras y números*: alternativas didácticas para jardín de infantes y primer ciclo da EGB. Buenos Aires: Santillana, 2000. (Colección Aula XXI).

LAURO, M. M. *Percepção – Construção – Representação – Concepção*: os quatro processos de ensino da geometria: uma proposta de articulação. São Paulo: USP, 2007.

LÉVY, P. *Intelligence coletive*. Paris: Éditions La Découverte, 1995.

LINDQUIST, M. M.; SHULTE, A. P. (Org.). *Aprendendo e ensinando geometria*. São Paulo: Atual, 1994.

LOPES, M. L. M. L.; NASSER, L. (Coord.). *Geometria na era da imagem e do movimento*. Rio de Janeiro: UFRJ/Projeto Fundão, 1996.

LUNA, S. V. *Planejamento de pesquisa*: uma introdução. São Paulo: EDUC, 2007.

MAGINA, S.; CAMPOS, T. A fração na perspectiva do professor e do aluno das séries iniciais da escolarização brasileira. *Bolema*, Rio Claro, ano 21, n. 31, p. 23-40, 2008.

NEVES, I. C. B. et al. *Ler e escrever*: compromisso de todas as áreas. 3. ed. Porto Alegre: Ed. da UFRGS, 2000.

NUNES, T.; BRYANT, P. *Crianças fazendo matemática*. Porto Alegre: Artes Médicas, 1997.

PANIZZA, M. (Org.). *Ensinar matemática na educação infantil e nas séries iniciais*: análise e propostas. Porto Alegre: Artmed, 2006.

PARRA, C.; SAIZ, Irma (Org.). *Didática da matemática*: reflexões psicopedagógicas. Porto Alegre: Artmed, 2001.

PELLANDA, N. M. C.; SCHULÜNZEN, E. T. M.; SCHULÜN-ZEN JR., K. (Org.). *Inclusão digital*: tecendo redes afetivas e cognitivas. Rio de Janeiro: DP&A, 2005.

PIRES, C. M. C.; CURI, E.; CAMPOS, T. M. M. *Espaço & Forma*: a construção de noções geométricas pelas crianças das quatro séries iniciais do ensino fundamental. São Paulo: Proem, 2000.

POZO, J. I. (Org.). *A solução de problemas*: aprender a resolver, resolver para aprender. Porto Alegre: Artmed, 1998.

RAMAL, A. C. *Educação na cibercultura*: hipertextualidade, leitura, escrita e aprendizagem. Porto Alegre: Artmed, 2002.

RHODE, G. M. *Simetria*. São Paulo: Hemus, 1982.

SMOLE, K. C. S.; DINIZ, M. I. S. V.; CÂNDIDO, P. *Jogos de matemática de 1º a 5º ano*. Porto Alegre: Artmed, 2007. (Cadernos do Mathema. Ensino Fundamental, v. 1).

SMOLE, K. C. S. et al. *Era uma vez na matemática*: uma conexão com a literatura infantil. São Paulo: CAEM-IME/USP, 1993. v. 4.

SMOLE, K. C. S. *Brincadeiras infantis nas aulas de matemática*. Porto Alegre: Artmed, 2000. (Coleção Matemática de 0 a 6, v. 1).

SMOLE, K. C. S. *Figuras e formas*. Porto Alegre: Artmed, 2001. (Coleção Matemática de 0 a 6, v. 3).

SOUZA, E. R. et al. *Matemática das sete peças do Tangram*. São Paulo: CAEM-IME/USP, 1995. v. 7.

VAN DE WALLE, J. A. *A matemática no ensino fundamental*: formação de professores e aplicação na sala de aula. Porto Alegre: Artmed, 2009.

VAN DE WALLE, J. A. *A matemática no ensino fundamental*: formação de professores e aplicação na sala de aula. Porto Alegre: Artmed, 2009.

VILLELLA, J. *Uno, dos, tres... Geometría otra vez*. Buenos Aires: Aique, 2001.

Índice de atividades
(ordenadas por ano escolar e por gradação de complexidade)

4º/5º anos

- Comparando as peças do Tangram (noção de fração) 107
- Medindo com o Tangram (representação de frações) 109
- Montando discos (conceito e representação de frações) 39
- Partes de um hexágono (representação e comparação de frações).... 73
- Brincando de *pizzaiolo* (equivalência de frações).............................. 43
- Descubra a fração (representação e equivalência de frações)...............77
- Frações no Tangram (equivalência de frações) 113
- Comparando frações (frações unitárias e equivalência).....................47
- Montando frações equivalentes I (equivalência e adição de frações)..51
- Montando frações equivalentes II (equivalência e adição de frações).57
- Composição de frações (adição e multiplicação de frações) 59
- Frações de quantidades (resolução de problemas) 65
- Sequências (frações como resultado de divisão)................................81
- Frações de uma figura (frações como divisões e comparação) 85
- Adição com frações 93
- Quanto falta para...? (equivalência e adição de frações) 97
- Retirando (equivalência, comparação e subtração de frações) 101
- Círculos coloridos e números decimais (representação decimal de frações)..63
- Explorando o ábaco com números decimais (representação de números decimais) 119
- Comparando a escrita de números decimais (escrita de números decimais) 121
- Compondo números decimais no ábaco (composição de números decimais) 125
- Montando números decimais no ábaco (leitura e escrita de números decimais) 127

Índice de atividades | 159

Explorando mais números decimais no ábaco (comparação de números decimais) 131

Somando números decimais no ábaco 135

O ábaco e as somas com números decimais 137

Ábaco – subtraindo com números decimais 141

5º ano

Maior ou menor que meio? (comparação e equivalência de frações) ...53

Qual é mesmo a fração? (frações impróprias e números mistos) 89